QUÍMICA VERDE

PAUL T. ANASTAS

Office of Pollution Prevention and Toxics,
US Environmental Protection Agency, Washington, DC, USA

JOHN C. WARNER

Department of Chemistry,
University of Massachusetts, Boston, USA

QUÍMICA VERDE

TEORIA E PRÁTICA

Tradução

Cintia de Freitas Duarte Milagre

Instituto de Química
Universidade Estadual Paulista – Unesp

Dulce Helena Siqueira Silva

Instituto de Química
Universidade Estadual Paulista – Unesp

Juliana Vidal

Beyond Benign Institute

editora unesp

Direitos de publicação reservados à:
Fundação Editora da Unesp (FEU)
Praça da Sé, 108
01001-900 – São Paulo – SP
Tel.: (0xx11) 3242-7171
Fax: (0xx11) 3242-7172
www.editoraunesp.com.br
www.livrariaunesp.com.br
atendimento.editora@unesp.br

Dados Internacionais de Catalogação na Publicação (CIP) de acordo com ISBD
Elaborado por Odilio Hilario Moreira Junior – CRB-8/9949

A534q

Anastas, Paul T.

Química verde: teoria e prática / Paul T. Anastas...[et al.]; traduzido por Cintia de Freitas Duarte Milagre, Dulce Helena Siqueira Silva, Juliana Vidal. – São Paulo: Editora Unesp, 2025.

Tradução de: *Green Chemistry: Theory and Practice*
Inclui bibliografia.
ISBN: 978-65-5711-276-2

1. Química. 2. Química verde. 3. Tecnologia. 4. Ciência. 5. Sustentabilidade. 6. Engenharia. 7. Bioquímica. 8. Indústria. I. Anastas, Paul T. II. Warner, John C. III. Silva, Dulce Helena Siqueira. IV. Vidal, Juliana. V. Milagre, Cintia de Freitas Duarte. VI. Título.

2025-1332 CDD 540
CDU 54

Editora afiliada:

Asociación de Editoriales Universitarias de América Latina y el Caribe

Associação Brasileira de Editoras Universitárias

Sumário

PREFÁCIO

A química verde não é diferente da química tradicional, na medida em que adota a criatividade e a inovação que sempre foram centrais para a química clássica. A química verde apenas persegue esses mesmos ideais com considerações adicionais às incorporadas na concepção e desenvolvimento da química historicamente. Essas considerações, descritas neste livro, refletem o poder que o químico detém não só sobre a disposição da química que é criada, mas também sobre todas as implicações da química, desde sua criação, à sua utilização, até sua destruição, e mais além. Para além, porque um químico pode não só desenvolver uma substância para ter determinadas características durante sua vida útil, mas também desenvolver aquilo em que essa substância se tornará (ou em que irá se decompor) após o fim da sua vida útil.

Este livro não é um julgamento moral sobre a química, mas elucida as obrigações que os químicos, enquanto cientistas, têm ao fazer escolhas quando desenvolvem metodologias químicas. A química em si não pode ser nem "boa" nem "má" num sentido moral, pois é apenas um fenômeno natural que segue leis físicas. No entanto, os químicos possuem os conhecimentos e as competências para tomar decisões na prática de seu ofício que podem resultar em imensos benefícios para a sociedade ou causar danos à vida e aos sistemas vivos, sendo, então, responsáveis pela decisão tomada. Assim, embora a ciência da química não seja nem santa nem má, pessoas de caráter amoral, ignorante ou irresponsável fizeram mau uso da química e criaram um desdém popular pela "ciência central" e por aqueles que fazem dela o seu ofício.

Pesquisa básica em química verde é necessária. A descoberta e o desenvolvimento de transformações químicas fundamentais que não sejam prejudiciais para o ambiente serão a força motriz que fará avançar esse domínio. As aplicações dessas descobertas serão e têm sido utilizadas tanto por razões econômicas como científicas. Essas metodologias têm o potencial de afetar a vida, tal como o campo da química o fez no passado. Como uma metodologia sintética não é senciente, não sabe se vai acabar por produzir um fármaco, uma tinta ou um aditivo alimentar, tendo assim um impacto positivo em todos esses produtos químicos.

É o químico que faz essas descobertas. É ele que cria as ferramentas, os métodos sintéticos, que são utilizados em toda a indústria. Em última análise, devido a esse papel, é o químico que tem a responsabilidade pelo caráter das ferramentas que estão na caixa de ferramentas. Felizmente para a sociedade, são esses mesmos químicos que estão única e exclusivamente qualificados para tomar essas decisões e fazer essas descobertas. A química verde utiliza as mesmas competências que os químicos sempre utilizaram ao longo da história da ciência. Este livro procura fornecer uma base e um enquadramento para perseguir a ciência da forma mais criativa, inovadora e responsável possível.

Boston
Dezembro de 1997
P.T.A.
J.C.W.

Prefácio para a edição em português

Como diretora executiva da Beyond Benign, é uma honra escrever o prefácio desta versão traduzida de *Green Chemistry: Theory and Practice*. Este livro seminal, que me foi apresentado durante a pós-graduação, um ano após sua publicação, foi transformador para mim. Ele abriu meus olhos para uma melhor compreensão do poder da química para enfrentar os desafios de sustentabilidade e resolver os muitos problemas complexos que enfrentamos hoje. O livro estabelece uma visão para uma sociedade em que os blocos de construção molecular dos produtos de uso cotidiano sejam seguros e saudáveis para os seres humanos e o meio ambiente, uma visão que a Beyond Benign vem defendendo há quase duas décadas.

A química verde não é uma disciplina acadêmica em si: é a química reformulada pelas lentes da sustentabilidade. Ela é uma ciência e uma filosofia – um chamado à ação para que os químicos se reinventem como *designers* moleculares capazes de criar intencionalmente moléculas e materiais que sejam seguros, não tóxicos e saudáveis. Nossa sociedade global enfrenta enormes desafios atualmente, desde mudanças climáticas até poluentes químicos, poluição dos oceanos e muitos outros. A química, tradicionalmente vista como contribuinte para esses problemas, tem o potencial de passar de problema para solução e se tornar uma força transformadora para lidar com a sustentabilidade.

Este livro surgiu em uma época em que houve uma mudança na conscientização sobre a prevenção da poluição. Ao longo do século XX, nossa sociedade global viu os impactos da revolução industrial e a liberação, sem regulamentação, de produtos químicos perigosos no meio ambiente. Houve uma conscientização crescente sobre a necessidade de prevenção em vez de remediação. Este livro marca um ponto de inflexão e também destaca o papel que a química desempenha no tratamento da poluição, dos produtos químicos perigosos e de outros desafios de sustentabilidade que enfrentaremos.

Os doze princípios fundamentais da química verde, delineados neste texto definidor, oferecem elementos para que os químicos percebam seu poder e seu papel essencial na criação de produtos e processos sustentáveis. Os princípios são baseados nas melhores práticas do setor e desafiam os químicos a considerar a abordagem de seu trabalho por meio de uma nova lente. De matérias-primas renováveis a reações eficientes em termos de energia, da minimização de resíduos ao desenvolvimento para biodegradabilidade, este livro apresenta um argumento convincente para uma abordagem holística e baseada em sistemas da química que proteja a saúde humana e o meio ambiente. Atualmente, os doze princípios da química verde têm sido usados por empresas, organizações governamentais e sociedades profissionais em todo o mundo para promover e orientar as melhores práticas nas empresas químicas.

Este livro oferece aos leitores não apenas os princípios fundamentais, mas também estratégias práticas para a incorporação da química verde em seu trabalho. Ele inclui aplicações reais da química verde para fornecer contexto e compreensão sobre a utilização e os benefícios de abordagens mais ecológicas.

A missão da Beyond Benign é promover uma comunidade de química verde que capacite os educadores a ensinar a química para um futuro sustentável. Este livro serve como fundamento nesse esforço, preenchendo a lacuna entre a sala de aula e o laboratório e equipando os leitores com as ferramentas necessárias para dar vida à química verde em sua prática.

Enquanto olhamos para um futuro em que os blocos de construção de nossa sociedade sejam seguros e saudáveis para os seres humanos e o meio ambiente, este texto é um farol para os químicos que desejam contribuir para essa visão por meio de seu trabalho. Ele ajudará os químicos a desafiar os paradigmas existentes e oferecerá uma oportunidade de ser uma parte essencial da solução. A química verde não é apenas uma busca acadêmica, mas também a base para um mundo mais saudável e sustentável.

Amy Cannon
Diretora executiva, Beyond Benign

1
INTRODUÇÃO

1.1. A posição atual da química e do meio ambiente

A posição da química na sociedade é uma profunda dicotomia de percepções, e nenhuma delas está de acordo com os fatos. Enquanto os envolvidos com a ciência e a indústria química ovacionam as conquistas que vieram da ciência central, há um grande número de pessoas que veem os produtos químicos e a química como algo a ser temido, restringido e evitado sempre que possível. Nenhuma dessas perspectivas consegue capturar a visão completa da química, pois ela abrange a caracterização, a interação e a manipulação de toda a matéria. A verdadeira natureza da química, portanto, é complexa e vasta, assim como seus efeitos.

Ela resultou na revolução da medicina no século passado, na qual medicamentos como os antibióticos foram usados para curar doenças que devastaram a humanidade por milênios. Esses avanços trazidos pela química fizeram a expectativa média de vida aumentar de 47 anos em 1900 para 75 anos na década de 1990.[1] O abastecimento mundial de alimentos teve uma expansão explosiva no século XX devido ao desenvolvimento de produtos químicos que protegem as plantações e contribuem para seu crescimento. Em praticamente todas as áreas e em todos os aspectos da vida material – transporte, comunicação, vestuário, abrigo etc. –, a química resultou em melhorias, não apenas nos adereços da vida, mas também na qualidade de vida dos bilhões de pessoas que hoje habitam o planeta.

Essas conquistas quase inacreditáveis tiveram um preço. Esse preço é o impacto que a fabricação, o uso e o descarte dos produtos químicos sintéticos têm tido sobre a saúde humana e o meio ambiente. Os Estados Unidos mantêm um registro das liberações de produtos químicos tóxicos no meio ambiente pelo setor, chamado Inventário de Liberação de Tóxicos (TRI, do inglês *Toxic Release Inventory*). O TRI,[2] estabelecido pela Lei de Planejamento de Emergência e Direito de Saber da Comunidade, rastreia a liberação de produtos químicos e classes de produtos químicos por diversos setores da indústria em cada instalação. Embora esse processo forneça informações extremamente úteis que não eram conhecidas antes de sua criação em 1986, os produtos químicos que ele abrange são apenas uma pequena fração das aproximadamente 75 mil substâncias em uso comercial atualmente e, portanto, as quantidades de produtos químicos liberados no meio ambiente são alarmantes.

Em 1994, foram liberados para o meio ambiente mais de 1,02 bilhão de kg de aproximadamente trezentas substâncias nocivas. Nesse ritmo, no tempo que você levaria para ler uma página deste livro, mais de uma tonelada de resíduos perigosos teria sido liberada no ar, na água e na terra pela indústria. A maior liberação de resíduos perigosos para o meio ambiente é feita pela indústria química (Figura 1.1). Dos dez principais setores industriais cujas liberações são monitoradas pelo TRI, a indústria química, incluindo metais, libera mais quilogramas de resíduos para o meio ambiente do que os outros nove setores industriais juntos.

1.2. Evolução no movimento ambientalista

1.2.1. Conscientização pública

Foi apenas recentemente que a questão do "impacto ambiental" das substâncias químicas entrou no diálogo público e foi plenamente reconhecida como um problema. Nos anos que se seguiram à Segunda Guerra Mundial, havia pouca ou nenhuma regulamentação ambiental que afetasse a maneira pela qual as substâncias químicas poderiam ser fabricadas, usadas ou descartadas. Foi somente no final da década de 1950 e no início da década seguinte que surgiu a preocupação sobre como as substâncias químicas podem causar danos à saúde humana e ao meio ambiente.

Em 1962, Rachel Carson escreveu o livro *Primavera silenciosa*, que detalhava os efeitos de determinados pesticidas nos ovos de várias aves.[3] O livro mostrava como o uso do DDT e de outros pesticidas poderia se espalhar por toda a cadeia alimentar, causando danos irreparáveis e imprevistos. Foi a natureza imprevista do dano que causou um clamor público e resultou em controles regulatórios sobre os pesticidas que são fabricados e usados nos Estados Unidos.

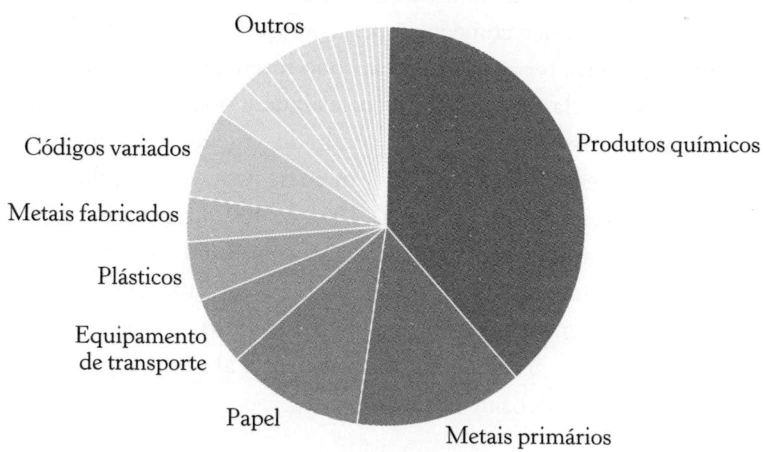

Figura 1.1. Proporção de resíduos perigosos liberados no meio ambiente pelos principais setores industriais.[4]

Em 1961, houve um susto na Europa com uma substância chamada talidomida, que era usada por mulheres grávidas para diminuir os efeitos da náusea e do vômito durante a gravidez ("enjoo matinal"). Como resultado do uso desse medicamento, filhos das mulheres que o usaram nasceram com defeitos congênitos agudos, em muitos casos na forma de membros ausentes ou grosseiramente deformados. Cerca de 10 mil dessas crianças nasceram em todo o mundo, sendo 5 mil somente na Alemanha. (As dúvidas sobre a segurança do medicamento impediram sua venda nos Estados Unidos.) A tragédia levou a regulamentações governamentais rigorosas para o teste de novos medicamentos quanto a riscos teratogênicos (que induzem a malformação). Esses "bebês vítimas da talidomida", como às vezes são chamados, causaram um grande medo no público geral sobre os efeitos dos produtos químicos sintéticos e os resultados não intencionais que poderiam ter nos seres humanos. Em ambos os casos a que nos referimos, o público estava bem ciente de que as substâncias em questão foram criadas por cientistas, pessoas que o público achava que tinham muito mais conhecimento do que eles sobre os produtos químicos que estavam sendo fabricados. Apesar da confiança depositada nos cientistas para fornecer inovações para a sociedade, o público começou a perceber que o uso de substâncias químicas poderia ter consequências não intencionais e catastróficas. Não estava claro para o público se alguém poderia controlar os efeitos dessas substâncias e, como resultado, o governo foi chamado para controlar essas substâncias por meio de processos regulatórios.

Nas décadas seguintes, de 1960, 1970 e 1980, surgiu um padrão: um problema ambiental se manifestaria, no qual as substâncias químicas estariam causando efeitos adversos muito além do uso pretendido, um grande clamor público se seguiria, e leis e regulamentações seriam criadas para administrar e abordar o problema dos produtos químicos no meio ambiente.

Times Beach (em 1983, população estimada 2.000) é uma pequena cidade no Missouri, 40 km a sudoeste de St. Louis. Estabelecida na década de 1920 como um *resort* de verão para os residentes da classe trabalhadora de St. Louis, Times Beach logo se tornou uma comunidade permanente de pequenas casas e parques de trailers. Em 1982, descobriu-se que o solo ao longo das estradas de Times Beach estava contaminado com a substância química tóxica dioxina. [A cidade foi um dos pelo menos 26 e talvez até 100 locais no Missouri que podem ter sido contaminados quando óleo usado contaminado com dioxina foi pulverizado nas estradas na década anterior. O nível de dioxina no solo desses locais variou de cerca de 300 a 740 partes por bilhão. O Centro Federal de Controle de Doenças (CDC, do inglês Center for Disease Control) classifica o solo com leituras de dioxina acima de uma parte por bilhão como inseguro para contato de longo prazo.] Os problemas dos residentes de Times Beach foram agravados por uma enchente no final de 1982, que forçou cerca de setecentas famílias a deixarem suas casas. As autoridades governamentais pediram aos residentes que não tentassem limpar a lama e os detritos contaminados que haviam sido depositados em suas casas pela enchente. O governo federal forneceu abrigo temporário e, em uma decisão sem precedentes, providenciou a compra de toda a cidade, usando US$ 33 milhões do fundo especial para a limpeza de resíduos tóxicos.

Além da situação de Times Beach, houve outros desastres ambientais ocorrendo no mesmo período. Um que chamou a atenção do público foi o Love Canal.

A contaminação de longo prazo esteve envolvida nos eventos desastrosos do Love Canal em Niagara Falls, NY. Uma empresa de produtos químicos e plásticos havia usado um antigo leito de canal nessa área como depósito de produtos químicos da década de 1930 até o início dos anos 1950. O terreno foi doado à cidade de Niagara Falls em 1953, e nele foram construídos uma nova escola e um conjunto habitacional. Em 1971, as substâncias químicas que haviam sido ali despejadas anos antes começaram a vazar através da tampa de argila que selava o depósito de lixo, e a área foi contaminada por pelo menos 82 produtos químicos, incluindo suspeitos carcinogênicos: benzeno, alguns hidrocarbonetos clorados e dioxina. Os efeitos à saúde relacionados à exposição química no Love Canal incluíram altas taxas de defeitos congênitos e abortos espontâneos, bem como câncer de fígado e uma alta incidência de doenças do sistema nervoso que induziram convulsões entre as crianças da vizinhança. A região foi declarada oficialmente como área de desastre. O estado pagou US$ 10 milhões para comprar algumas das casas e outros US$ 10 milhões para tentar interromper o vazamento. Cerca de mil famílias tiveram que ser realocadas. Partes do local foram limpas o suficiente em 1990 para que as casas localizadas ali fossem colocadas à venda.

Os eventos de Times Beach e Love Canal causaram consternação pública suficiente para levar o Congresso dos Estados Unidos a aprovar novas leis para lidar com os problemas específicos de maior visibilidade. O Congresso aprovou a lei que ficou conhecida como Superfund, que exigiria a limpeza de locais designados para resíduos tóxicos em todo o país.

Os desastres ambientais resultaram muitas vezes na publicação de leis novas e específicas. No início da década de 1970, o rio Cuyahoga, em Ohio, estava tão poluído que pegou fogo. A visão de um grande rio em chamas por causa da poluição química levou a pedidos de legislação para garantir controles de água limpa por meio de regulamentação. Os noticiários noturnos que mostravam a névoa marrom dos céus de Los Angeles ou Pittsburgh nas décadas de 1960 e 1970 resultaram em uma variedade de leis de limpeza do ar, incluindo a Lei do Ar Limpo. Na década de 1980, quando a natureza do impacto dos clorofluorcarbonos (CFCs) sobre a camada de ozônio estratosférico ficou mais clara com o uso de fotografias de satélite e o trabalho dos químicos ganhadores do Prêmio Nobel Rowland e Molina, foi adotado o Protocolo de Montreal, que inicialmente exigia a eliminação gradual dos CFCs. Desastres químicos acidentais, como a tragédia em Bhopal, na Índia, onde centenas de pessoas morreram em decorrência de um acidente em uma fábrica da Union Carbide que liberou o isocianato de metila extremamente tóxico, gerou a Lei de Planejamento de Emergência e Direito de Saber da Comunidade de 1986.

Todos esses são exemplos de consequências químicas imprevistas que resultaram em tragédia, e a tragédia resultou em indignação pública, e a indignação pública resultou em legislação para controlar a fabricação, o uso ou o descarte de substâncias químicas. Mas a pergunta que deve ser feita é: qual tem sido a natureza dessas novas leis de controle de substâncias químicas, e são elas a única forma ou a mais eficaz de proteger a saúde humana e o meio ambiente de resultados imprevistos?

1.2.2. "A diluição é a solução para a poluição"

Durante o período anterior ao advento das leis que controlam a liberação de substâncias químicas no meio ambiente e a exposição significativa de pessoas, não era incomum que as substâncias fossem liberadas diretamente no ar, na água e na terra para descarte final. Naquela época, acreditava-se que a mera diminuição da concentração de uma substância em um determinado meio seria suficiente para mitigar seu impacto final. Essa prática e o pensamento subjacente às vezes eram resumidos como "a diluição é a solução para a poluição". Por mais absurda que essa filosofia seja agora, ela foi adotada em uma época em que fatores como toxicidade crônica, bioacumulação e até mesmo carcinogenicidade não eram tão bem compreendidos como são agora.

1.2.3. Tratamento e redução de resíduos por meio de comando e controle

À medida que os desfechos de toxicidade e os efeitos ambientais se tornaram mais conhecidos, as leis ambientais refletiram esse conhecimento, controlando rigorosamente as quantidades de uma substância que poderiam ser liberadas em qualquer corrente receptora específica. Essa primeira abordagem do método de "comando e controle" da regulamentação ambiental geralmente usa padrões ou concentrações de referência, por exemplo níveis máximos de concentração de referência (μg/L), para determinar quais níveis de um determinado produto químico podem estar presentes na água sem afetar negativamente os seres humanos ou o meio ambiente. Uma das principais deficiências dessa abordagem regulatória é que ela geralmente não considera os efeitos sinérgicos de outras substâncias presentes na água com os da substância regulamentada.

Se uma substância que foi regulamentada em uma determinada concentração resultar em efeitos deletérios quando presente na água com uma segunda substância não regulamentada em um determinado nível de concentração, o público poderá não estar adequadamente protegido contra exposições prejudiciais a essas substâncias. A ineficiência de não conseguir regulamentar adequadamente os efeitos sinérgicos é generalizada em todas as leis ambientais atuais e não é um problema exclusivo da regulamentação das concentrações de uma substância por meio de comando e controle.

Com o avanço das regulamentações ambientais, houve uma maior ênfase no tratamento dos resíduos antes de sua liberação ou na diminuição dos resíduos após sua liberação, a fim de reduzir os riscos à saúde humana e ao meio ambiente. Com o uso de tecnologias de tratamento que vão desde a neutralização de ácidos, passando por depuradores para emissões de chaminés, até a incineração, os estatutos ambientais exigiam que os resíduos sejam transformados em formas mais inócuas para minimizar os impactos das substâncias químicas.

1.2.4. Prevenção da poluição

Em 1990, o Congresso dos Estados Unidos aprovou a Lei de Prevenção da Poluição [Pollution Prevention Act, PPA], que evoluiu da abordagem tradicional de comando e controle para tratamento e redução.[5] A PPA define uma política ambiental nacional que afirma que a primeira opção é evitar a formação de resíduos na fonte. Ao utilizar uma variedade de metodologias e técnicas, a poluição pode ser evitada, o que elimina a necessidade de qualquer tratamento ou controle adicional de substâncias químicas (Figura 1.2).

Foram desenvolvidas muitas formas para alcançar a prevenção da poluição, incluindo controles de engenharia, que podem minimizar as quantidades de uma substância que, de outra forma, se tornaria resíduo. Os controles de estoque e as técnicas para reduzir problemas como a evaporação desnecessária de solventes têm sido extremamente bem-sucedidos na redução do volume total de substâncias químicas que acabariam indo parar na corrente de resíduos.

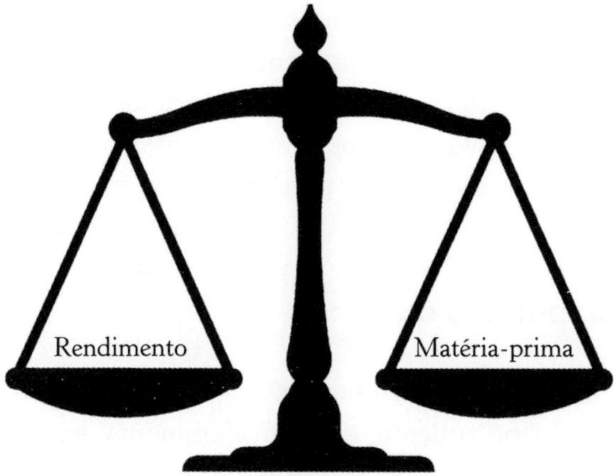

Figura 1.2. O equilíbrio entre produtividade e recursos.

1.2.5. Química verde

A química verde,[6,7,8] que é discutida ao longo deste livro, é um tipo particular de prevenção da poluição. Embora existam outros métodos que são opções úteis e necessárias, a química verde é uma abordagem que fornece uma metodologia fundamental para alterar a natureza intrínseca de um produto químico ou processo, de modo que seja inerentemente de menor risco para a saúde humana e o ambiente.

A química verde envolve a concepção e a reformulação da síntese química e de produtos químicos para evitar a poluição e, assim, resolver problemas ambientais. Os químicos sintéticos desempenham um papel central no desenvolvimento de métodos químicos verdes para a prevenção da poluição em vez do controle de fim de ciclo. Este livro se concentra no progresso técnico e no *status* atual das abordagens da química verde.

A química verde é o uso de princípios e metodologias químicas para a redução na fonte, a forma mais desejável de prevenção da poluição. A química verde incorpora práticas de prevenção da poluição na fabricação de produtos químicos e promove essa prevenção e a ecologia industrial. A química verde é uma nova maneira de olhar para os produtos químicos e seus processos de fabricação para minimizar quaisquer efeitos ambientais negativos. Neste momento, a revolução da química verde está começando e é um momento empolgante com novos desafios para os profissionais envolvidos na descoberta, fabricação e uso de produtos químicos.

1.3. O papel dos químicos

Os químicos sempre tiveram um papel importante na química ambiental. Historicamente, a química ambiental significava monitoramento e remediação local. Os químicos analíticos sempre tiveram uma função na detecção e no monitoramento de problemas ambientais. Os físico-químicos estiveram envolvidos no desenvolvimento de modelos para fenômenos ambientais, e os químicos atmosféricos estudaram a destruição da camada de ozônio estratosférico e o efeito estufa.

Historicamente, os químicos sintéticos, aqueles que desenvolvem novos produtos químicos e seus processos de fabricação, não têm sido particularmente conscientes em relação ao meio ambiente. Isso se deve principalmente ao fato de que os químicos sintéticos estão no início do processo, identificando maneiras de criar produtos químicos, enquanto os problemas são tradicionalmente identificados no final do processo, no fluxo de resíduos. Historicamente, a função dos químicos sintéticos tem sido conceber rotas sintéticas para produzir moléculas-alvo pelo menor custo e com o maior rendimento. Portanto, o público também passou a pensar nos químicos sintéticos como responsáveis pelos produtos e resíduos químicos tóxicos gerados durante a fabricação de produtos químicos. No entanto, sabe-se agora que, embora os problemas tenham sido tradicionalmente tratados no "final do ciclo", o químico sintético, nesse sentido, pode ter um impacto importante e positivo na solução desses problemas.

Atualmente, os custos de um processo sintético para um produto químico devem incluir não apenas os custos de matérias-primas e equipamentos, mas também o custo total da conformidade regulatória: o custo do descarte de resíduos, os custos de responsabilidade e os custos de tratamento, incluindo modificações na planta industrial para tratamento de fim de ciclo. Esses gastos adicionais elevaram os custos totais de muitas sínteses a níveis impensáveis; a contabilidade de custo total fornece novos padrões para a economia da manufatura. Os químicos têm o poder de reduzir significativamente esses custos indiretos ao replanejar os produtos químicos e seus processos.

Quando um químico coloca o lápis no papel para criar uma nova síntese química, ele está tomando decisões intrínsecas: decisões sobre se substâncias perigosas serão usadas, se materiais perigosos terão de ser manuseados por trabalhadores, se resíduos ou subprodutos perigosos precisarão de descarte especial e assim por diante. Todas essas decisões são inerentes ao processo sintético. O objetivo da química verde, ou química benigna, é desenvolver metodologias sintéticas que reduzam ou eliminem o uso ou a geração de matérias-primas tóxicas, subprodutos, solventes e demais produtos associados. Um químico sintético que desenvolve uma síntese de "química verde" provavelmente produzirá um produto mais econômico quando todos os custos diretos e indiretos forem levados em conta.

2
O QUE É A QUÍMICA VERDE?

2.1. Definição

Química verde, síntese química ambientalmente benigna, rotas sintéticas alternativas para a prevenção da poluição, benigna por planejamento: todas essas frases descrevem essencialmente o mesmo conceito.

A química verde é a utilização de um conjunto de princípios para redução ou eliminação do uso ou a geração de substâncias perigosas no desenvolvimento, fabricação e aplicação de produtos químicos.

Ela não é complicada, embora muitas vezes seja elegante. Tem como meta nada menos que a perfeição, embora reconheça que todos os avanços e inovações em direção a essa meta conterão algum risco, mesmo que discreto. É por meio dessas melhorias incrementais contínuas que os objetivos da química verde serão alcançados. Os químicos sempre buscaram a eficiência em suas metodologias sintéticas. Ser capaz de realizar uma transformação ou estruturar uma rota de preparo para uma molécula de forma eficaz e confiável foi sempre fundamental para a arte do químico sintético. A eficiência é importante não apenas como medida da qualidade de um método sintético, mas também como uma consideração prática e econômica. As considerações econômicas têm desempenhado um papel importante no desenvolvimento de sínteses que usam uma matéria-prima mais disponível e/ou de menor custo.

Os recentes incrementos e aprimoramentos desses critérios apenas se somaram à definição de elegância sintética. A especificidade estereoquímica, por exemplo, serve para aumentar a insistência na eficiência. O conceito de "economia de átomos" substituiu a métrica consagrada de "rendimento" como um padrão para medir a qualidade de uma metodologia sintética.[9]

A química verde reconhece que esses padrões precisam ser levados um passo adiante para serem concluídos. Assim como os procedimentos e protocolos hipocráticos, uma metodologia química sintética, para ser realmente elegante, deve, "primeiro, não causar danos". Esse critério significa que cabe aos químicos sintéticos incorporar as responsabilidades do efeito final sobre a saúde humana e o meio ambiente no desenvolvimento de qualquer nova metodologia.

Embora seja muito fácil descartar esse critério como sendo responsabilidade de outra pessoa, os químicos não podem mais se dar esse luxo. Na época dos testes de sabor e de pipetagem com a boca, pode ter havido uma crença razoável de que o nível de conhecimento dos perigos químicos entre os químicos era muito baixo para justificar as responsabilidades. Essa época já passou há muito tempo. Como os dados sobre perigo são fornecidos e exigidos por lei, os químicos de hoje estão cientes dos efeitos potenciais e reais de seu trabalho. Assim como não é perdoável que um bombeiro não saiba que o fogo queima, ou que um chefe de cozinha não saiba que uma faca corta, não é aceitável que os químicos não conheçam as características das ferramentas de seu ofício.

Munido ou carregado com esse conhecimento, o químico deve enfrentar responsabilidades. As consequências de seu ofício não podem mais ser atribuídas ao uso indevido por parte de empresários e indústrias. Como os químicos possuem o entendimento do *design* molecular e têm as informações necessárias para avaliar como esse *design* pode ou não colocar em risco a saúde humana e o meio ambiente, eles entraram em uma era em que esse conhecimento deve desempenhar um papel central na condução dos ofícios.

Essa percepção, por parte dos provedores de química verde, está sendo vista como uma oportunidade e não como uma limitação.

2.2. Por que essa nova área da química está recebendo tanta atenção?

Para responder a essa pergunta, precisamos primeiro ter uma compreensão básica do problema. Houve muito debate na última geração sobre a natureza exata dos riscos ambientais gerados pela liberação de vários produtos químicos sintéticos no meio ambiente. Há pouca dúvida de que, até que as incertezas nos dados toxicológicos de exposição, destino e transporte e as análises de risco sejam inequivocamente resolvidas, esse debate continuará, pelo menos durante a próxima geração. Portanto, há duas opções lógicas para a comunidade científica. A primeira é permitir que as incertezas descritas *supra* continuem a ser paralisantes e não tentar abordar as preocupações com a saúde humana e o meio ambiente. A segunda opção, adotada por aqueles que buscam a nova área da química verde, é aceitar o fato de que a liberação de produtos químicos no meio ambiente causa algum aumento incremental no risco à saúde humana e ao meio ambiente. Se o risco puder ser eliminado por meio de avanços fundamentais nas metodologias químicas que sejam técnica e economicamente viáveis, a comunidade química deverá buscar essa solução. Tanto na química verde quanto em qualquer outra área da ciência, é verdade que só se pode operar com o estado atual do conhecimento, mas, com o conhecimento dos riscos químicos que existem atualmente, os químicos podem tentar minimizá-los.

2.3. Por que os químicos devem buscar os objetivos da química verde?

Robert F. Kennedy foi citado como tendo dito: "Alguns veem as coisas como elas são e perguntam por quê. Eu vejo as coisas como elas deveriam ser e pergunto por que não". Uma das razões filosóficas mais básicas pelas quais os químicos devem tentar fazer que o trabalho que realizam e as substâncias que usam sejam o mais benignos possível para o meio ambiente é o fato de que isso é possível. Com o conhecimento de como manipular e transformar produtos químicos, juntamente com os dados básicos de perigo que podem ser acessados prontamente de diversas fontes, os químicos têm o poder de reduzir ou eliminar o risco que o empreendimento químico representa para si mesmo e para a sociedade em geral.

Os pesquisadores que estão na vanguarda da inovação nessa nova área sabem que esses objetivos podem ser alcançados. Embora todos entendam que nenhuma atividade pode ser totalmente isenta de riscos, as metas alcançadas tanto na bancada de pesquisa quanto nos processos comercializados diminuíram consideravelmente o impacto no meio ambiente e na saúde humana, ao mesmo tempo que desenvolveram processos e metodologias eficazes.

Outro motivo para a comunidade química buscar ativamente a química verde é pelo fato de ela se basear na ciência molecular fundamental que fornece a raiz da solução, em vez de se basear em uma abordagem paliativa para a redução de riscos. Em seu nível mais básico, o risco pode ser descrito pela seguinte fórmula na Figura 2.1.

Risco = f[perigo,exposição]

Figura 2.1. Fórmula que descreve o risco.

A maneira tradicional com que o setor e a sociedade, por meio da política ambiental nacional, lidam com a redução do risco é pela redução da exposição. Com um perigo fixo e uma exposição reduzida, o risco deve diminuir proporcionalmente. Usando perigos bem caracterizados (dados de toxicidade) e conhecendo a eficácia de qualquer método de controle de exposição que esteja sendo usado, o risco pode ser controlado até ficar abaixo de algum nível identificável e aceitável. Esse "nível aceitável", por necessidade, tem de ser arbitrário, pois a questão "aceitável para quem?" então deve ser enfrentada.

Embora um risco de câncer de 1:1.000.000 decorrente da exposição a um determinado nível de uma substância possa ser definido pela sociedade em suas leis e regulamentos como "aceitável", certamente não é aceitável se você for esse "1" em 1:1.000.000.

Outra limitação dos controles de exposição para redução do risco é o fato de que o uso e a liberação de um produto químico podem afetar indivíduos que não estão usando esses controles. Por exemplo, um trabalhador químico pode estar usando luvas, óculos de proteção etc. para se proteger da exposição a altos níveis de uma determinada substância conhecida por ter efeitos agudos. Mas como esses controles de exposição afetam alguém a jusante ou a favor do vento e que não está protegido por controles de exposição? Como as incertezas sobre os efeitos crônicos, os efeitos bioacumulativos e os efeitos sinérgicos são extremamente altas para uma ampla gama de substâncias, de acordo com o *status* atual da ciência, o uso de controles de exposição para reduzir o risco para a sociedade em geral é questionado.

Um último motivo pelo qual os controles de exposição são limitados é que eles podem falhar. Nenhum respirador, protetor facial, óculos, luvas, óculos de proteção ou traje de proteção é perfeito. Com a falha desse equipamento limitador de exposição, é possível que o indivíduo corra o risco máximo do perigo.

Compare essas limitações com os princípios de redução de riscos da química verde. A maior diferença entre as duas abordagens para a redução de riscos é que essa redução por meio da química verde, quando feita corretamente, não é sujeita a falhas. Se, por meio da variedade de técnicas e metodologias que serão discutidas neste livro (por exemplo, matérias-primas alternativas, solventes), o perigo for reduzido, não há como o risco aumentar por meio de um aumento espontâneo do perigo. Em outras palavras, não há como uma substância inócua se tornar arbitrariamente tóxica para a saúde humana e o meio ambiente. Agora, é claro, da mesma forma que alguém pode colocar óculos de segurança ao contrário ou luvas de borracha protetoras nos pés, é igualmente concebível que a química verde possa ser executada incorretamente. Isso seria equivalente a substituir uma substância extremamente tóxica por outra que praticamente não é tóxica. Além dessa exceção absurda, a redução do perigo por meio da química verde deve necessariamente reduzir o risco. Além disso, em contraste com o uso de controles de exposição para reduzir o risco, o efeito da exposição sobre os receptores a jusante ou a favor do vento, o perigo químico é menor. Como a natureza intrínseca da substância em si é menos perigosa, não há risco diferencial para a pessoa que trabalha com a substância em relação ao indivíduo exposto de maneira secundária. Por fim, o conceito de um nível de risco aceitável é eliminado como meta e substituído pelo objetivo ideal de ser ambientalmente benigno. Embora mais informações sobre esse tópico sejam apresentadas posteriormente, a meta de tornar um produto ou processo químico "ambientalmente benigno" é uma mera declaração da ética da melhoria contínua, mais do que uma métrica para medir a melhoria.

É por causa dos motivos apresentados que a abordagem da redução de riscos por meio da redução de perigos via química verde é preferível àquela via controle de exposição.

Do ponto de vista econômico, um fato é intuitivamente óbvio. Não existe um produto ou processo químico que seja mais favorável economicamente devido à necessidade ou ao uso de controles de exposição. Independentemente dos métodos ou equipamentos utilizados, desde os controles de engenharia até os equipamentos de proteção individual, sempre há um custo associado, o que significa um dreno econômico. Falaremos mais sobre esse assunto quando os custos totais da redução de riscos forem abordados mais adiante neste capítulo.

Em contrapartida, uma solução de química verde para a redução de riscos poderia, potencialmente, ter uma variedade de benefícios econômicos associados à sua adoção. Algumas possibilidades incluem custos mais baixos de matéria-prima, taxas de conversão mais altas, tempo de reação mais curto, maior seletividade, separações aprimoradas ou requisitos de energia mais baixos. Embora nem todas as soluções de química verde apresentem esses benefícios, os possíveis ganhos econômicos são justapostos aos drenos econômicos garantidos dos controles de exposição. Deve-se observar que as vantagens da química verde listadas estão relacionadas aos custos operacionais diretos. Outras vantagens de custos indiretos também serão discutidas posteriormente.

2.4. A raiz da inovação

Já se declarou que a química verde é uma abordagem "fundamental" para os problemas ambientais causados pela poluição. O que isso significa exatamente? Há muitas abordagens para lidar com os problemas ambientais em todo o mundo. Na era da indústria moderna, essas abordagens evoluíram à medida que o nível de compreensão dos próprios problemas evoluiu. Embora hoje essas abordagens sobre a poluição possam parecer tão retrógradas quanto a sangria é para um médico, é importante analisá-las brevemente para entender como surgiram os paradigmas dominantes na proteção ambiental.

Nos anos imediatamente posteriores ao fim da Segunda Guerra Mundial, a indústria dos Estados Unidos e de outras nações industrializadas cresceu em proporções sem precedentes. Com esse desenvolvimento, veio um padrão de vida significativamente mais alto, muitas conveniências modernas e uma grande quantidade de poluição. Como o tipo de rastreamento de descartes de produtos químicos no meio ambiente que temos hoje não existia naquela época, só podemos extrapolar os dados para o passado e correlacioná-los aos volumes de produção para concluir que os descartes eram extremamente altos. No entanto, o que é mais convincente na análise retrospectiva do setor é a maneira como os descartes de produtos químicos eram tratados.

2.5. Limitações/obstáculos

A química verde é uma abordagem que lida com um dos problemas ambientais fundamentais do mundo, a poluição. O reconhecimento da poluição como a base de muitos problemas – por exemplo, a destruição de ecossistemas e ameaças à vida selvagem – tem estado no centro da política ambiental desde a década de 1960. A maioria das principais leis ambientais promulgadas nos últimos 35 anos, como a Lei da Água Limpa [Clean Water Act], a Lei do Ar Limpo [Clean Air Act], a Lei de Recuperação e Conservação de Recursos [Resource Recovery and Conservation Act], a Lei da Água Potável Segura [Safe Drinking Water Act] e o Superfund nos Estados Unidos, concentraram-se no problema da poluição.

A poluição, em praticamente todos os contextos legais mencionados, é definida como poluição química. A liberação no ar, na água e na terra de substâncias que podem causar riscos à saúde humana e ao meio ambiente é a poluição que as políticas ambientais dos Estados Unidos têm procurado remediar. Na maioria das vezes, a abordagem utilizada nas leis tem sido a de controlar a quantidade de liberação de um produto químico ou controlar a concentração final desse produto químico no meio para o qual foi liberado. Essa abordagem, embora tenha gerado melhorias significativas na qualidade geral do ar, da água e da terra, encontrou obstáculos filosóficos e logísticos significativos. Os obstáculos podem ser mais bem descritos pelas perguntas apresentadas na Figura 2.2.

Pergunta: *Como se chama um tambor de resíduos perigosos com uma gota de champagne?*

Resposta: *Resíduo perigoso.*

Pergunta: *Como se chama um tambor de champanhe com uma gota de resíduo perigoso?*

Resposta: *Resíduo perigoso.*

Figura 2.2.

Em algum momento, quando se está lidando com substâncias de alta toxicidade, toxicidade desconhecida, carcinogenicidade ou toxicidade crônica, torna-se problemático, se não impossível, definir níveis que sejam toleráveis à saúde humana e ao meio ambiente. A química verde, entretanto, lida com essa situação de forma um pouco diferente. Ao longo das últimas duas gerações, houve um grande volume de pesquisas realizadas para elucidar os perigos associados a várias substâncias químicas. Parte do impulso para essa pesquisa foi a necessidade de obter dados sobre a toxicidade das substâncias para que os níveis de exposição aceitáveis pudessem ser determinados. Quando grande parte da legislação ambiental foi inicialmente promulgada, havia relativamente poucos dados toxicológicos sobre as substâncias químicas. Com a geração de dados que se procedeu, a abordagem da química verde se torna possível.

A química verde utiliza os dados disponíveis de um grande número de substâncias em sua avaliação de produtos químicos, sínteses químicas e todo o ciclo de vida do empreendimento químico. Por meio do reconhecimento de que tanto a identificação de quais substâncias provavelmente contêm um risco maior para a saúde humana e para o meio ambiente quanto o aumento da compreensão do mecanismo de ação pelo qual esse risco é originado, os químicos podem desenvolver conscientemente uma química e produtos químicos mais seguros.

Em vez de usar a abordagem histórica de controle de concentrações ou liberações de uma determinada substância química por meio de controles de engenharia ou procedimentos de tratamento de resíduos, a química verde altera a natureza intrínseca das próprias substâncias para reduzir ou eliminar o perigo representado por elas. Isso é particularmente atraente do ponto de vista científico-filosófico devido ao nexo entre a química clássica e os mecanismos de ação associados à toxicologia. Nesse nexo, o químico verde pode equilibrar as características moleculares necessárias para os efeitos desejados com as características moleculares responsáveis pelo perigo intrínseco da substância. Esse equilíbrio pode ser aplicado igualmente ao planejamento de uma molécula-alvo individual ou a toda uma rota sintética.

Como disse Parcelus, há muitos anos, "tudo é veneno, dependendo da dose". Seria fácil usar isso como justificativa para simplesmente levantar as mãos e dizer: "Bem, se tudo é tóxico, então não há nada que um químico possa fazer". Esse raciocínio, embora sem fundamento, é frequentemente usado para justificar a inação. O simples fato de tudo ter algum perigo discreto, que é a essência do que Parcelus disse, não significa que tudo seja igualmente perigoso. De fato, os níveis de toxicidade variam muito em magnitude. Além disso, os produtos químicos têm muitos limites de toxicidade e mecanismos de ação diferentes.

É fato que, embora existam dados toxicológicos disponíveis sobre milhares de compostos químicos, isso representa apenas uma pequena porcentagem dos milhões de compostos conhecidos atualmente. Isso, no entanto, ignora o fato de que as correlações dentro das classes químicas foram amplamente elucidadas e, embora possa não haver dados toxicológicos abrangentes sobre uma substância química específica, é uma primeira suposição razoável e eficaz que ela se comportará de forma semelhante a outros compostos da mesma classe química.

Como um químico sintético pode tomar conhecimento dos dados toxicológicos de todos esses compostos sem se tornar um toxicologista e dedicar muito tempo e energia para encontrar informações sobre perigos em vez de se dedicar à pesquisa química? Há muitas fontes de dados sobre a toxicidade de produtos químicos prontamente disponíveis, desde referências em um único volume até bancos de dados *on-line*. Outra abordagem para utilizar as informações como uma ferramenta é examinar as listas de produtos químicos desenvolvidas por vários órgãos de saúde, médicos ou reguladores. Há também listas específicas que identificam quais substâncias químicas são mais perigosas para a saúde humana e o meio ambiente.

3
As ferramentas da química verde

Como os efeitos ambientais e sobre a saúde humana de um produto ou processo químico começaram a ser considerados nos estágios de planejamento, as abordagens e o desenvolvimento de técnicas têm sido bastante diversificados. Os tipos de produtos químicos e de transformações são muito variados e o mesmo ocorre com as soluções de química verde que foram propostas. No entanto, elas podem ser divididas em várias categorias.

Com o planejamento sintético alternativo, não olhamos para a molécula final, e sim para a rota sintética usada para criá-la. Ao modificar a síntese, podemos chegar ao mesmo produto final, e ainda reduzir ou eliminar materiais de partida, subprodutos e resíduos tóxicos. Dois dos principais componentes da síntese química são as matérias-primas e as condições de reação: um ou ambos podem ser alterados para produzir sínteses químicas alternativas (e aprimoradas).

3.1. Matérias-primas/materiais de partida alternativos

Grande parte das características de um tipo de reação ou rota sintética é determinada pela seleção inicial dos materiais de partida.

Depois que essa seleção é feita, muitas opções se encaixam como consequência necessária dessa decisão. Ela tem um efeito importante, não apenas na eficácia da rota sintética, mas também nos efeitos do processo sobre o meio ambiente e a saúde. A seleção de uma matéria-prima para a fabricação de um produto determina os riscos que serão enfrentados quando os trabalhadores manusearem essa substância, quando os fornecedores a fabricarem e quando os carregadores a transportarem. No caso de produtos químicos em grandes volumes, a seleção de determinada matéria-prima pode direcionar o mercado de tal forma que seu papel como matéria-prima seja a principal função de sua existência. Portanto, essa seleção é parte muito importante do processo de tomada de decisão da química verde.

Nessa decisão estão embutidas algumas perguntas muito pertinentes. Você quer fabricar o produto com material virgem ou reciclado? Você quer fabricar a substância a partir de matérias-primas obtidas do petróleo, biológicas ou alternativas?

Atualmente, 98% de todos os produtos químicos orgânicos sintetizados nos Estados Unidos são feitos de matérias-primas derivadas do petróleo. O refino de petróleo consome 15% da energia total usada nos Estados Unidos, e essa porcentagem está aumentando porque o petróleo bruto de baixa qualidade disponível agora exige mais energia para o refinamento. Durante sua conversão em produtos químicos orgânicos úteis, o petróleo sofre oxidação, a adição de oxigênio ou um equivalente; essa etapa de oxidação tem sido historicamente uma das etapas mais poluentes do ponto de vista ambiental em toda a síntese química. Como resultado dessas considerações, é importante reduzir nosso uso de produtos derivados do petróleo usando matérias-primas alternativas.

Em geral, as matérias-primas agrícolas e biológicas podem ser excelentes alternativas. Muitas já são altamente oxigenadas e, portanto, seu uso no lugar de matérias-primas de petróleo elimina a necessidade da etapa de oxigenação, que é poluente (figuras 3.1 e 3.2). Além disso, é possível realizar sínteses que são significativamente menos perigosas do que as realizadas com produtos deriva-

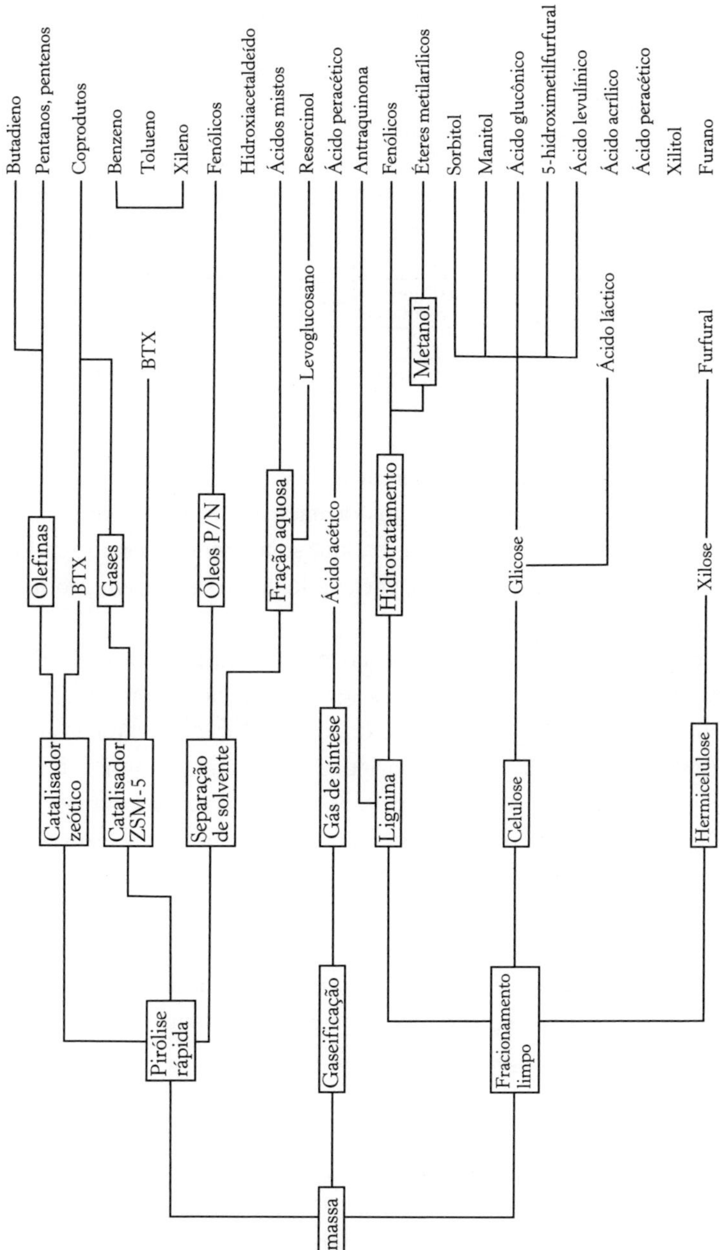

Figura 3.1. Matérias-primas biológicas.[10]

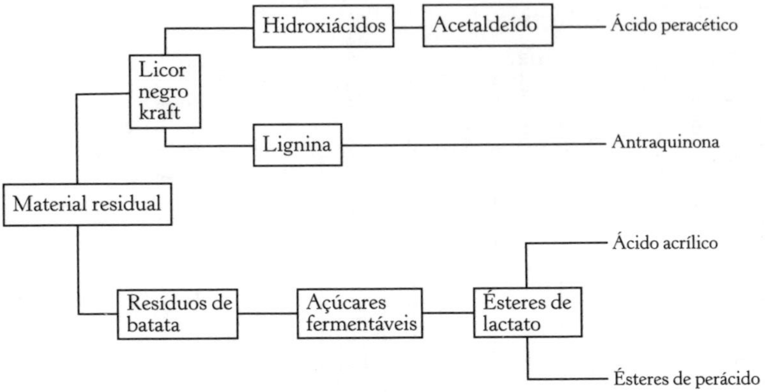

Figura 3.2. Matérias-primas agrícolas.[10]

dos do petróleo. Atualmente, pesquisas demonstram que uma série de produtos agrícolas pode ser transformada em outros produtos de consumo: produtos como milho, batata, soja e melaço estão sendo transformados por meio de uma variedade de processos em produtos como têxteis, náilon etc.

A exploração de fontes biológicas de matérias-primas alternativas não precisa se limitar a produtos agrícolas: resíduos ou biomassa agrícolas e bioprodutos não relacionados a alimentos, que geralmente são compostos por uma variedade de materiais lignocelulósicos, podem fornecer matérias-primas alternativas importantes.

Outras classes de matérias-primas alternativas também estão surgindo, como a luz. Por exemplo, os metais pesados, que são usados com frequência nos processos de oxidação do petróleo, também são bastante tóxicos e cancerígenos ou causam danos aos sistemas neurológicos. Sínteses alternativas recentemente descobertas substituem os reagentes de metais pesados pelo uso de luz visível para realizar as transformações químicas necessárias.

3.2. Reagentes alternativos

Ao transformar a matéria-prima selecionada na molécula-alvo, o químico sintético já elaborou as modificações estruturais necessárias. Embora o objetivo de cada etapa sintética seja claro, o reagente necessário para realizar essa etapa pode ainda não ter sido selecionado. É nesse ponto que o químico sintético deve equilibrar os critérios de eficiência, disponibilidade e efeito para avaliar o melhor reagente para realizar a transformação.

As transformações precisam ser avaliadas para determinar se são estequiométricas ou catalíticas, se são econômicas em termos de átomos ou não, e quais serão as características dos resíduos gerados pelo uso do reagente escolhido. A seleção de um determinado reagente em relação a outro para a mesma transformação pode afetar todos esses fatores.

3.3. Solventes alternativos

Uma área importante das pesquisas de química verde tem se concentrado na seleção de um meio no qual realizar uma transformação sintética. Como o paradigma dominante da síntese química tem se baseado na química em soluções, a pergunta é frequentemente formulada como "Qual solvente deve ser usado?". Essa frase, é claro, levanta a questão: "Deve-se usar um solvente?". Muitos dos solventes comumente usados são alguns dos compostos orgânicos voláteis conhecidos por causar poluição quando liberados no ar. Esses solventes estão listados na Lei do Ar Limpo [Clean Air Act] dos Estados Unidos como substâncias a serem evitadas. Estão sendo realizadas pesquisas que buscam a química que foi feita anteriormente em um solvente para descobrir uma maneira de fazer a mesma química em vários sistemas sem solventes.

Uma vez determinado que um solvente é necessário ou, por qualquer motivo, é preferível para uma síntese específica, o químico deve escolher entre várias alternativas. Embora os solventes orgânicos tradicionais sejam bem conhecidos, caracterizados e utilizados, alternativas como sistemas aquosos, líquidos iônicos, solventes imobilizados, dendrímeros e polímeros anfifílicos em estrela e fluidos supercríticos (todos os quais serão discutidos em capítulos posteriores) estão sendo cada vez mais aplicados em síntese. Os fluidos supercríticos são gases em uma combinação de alta pressão e baixa temperatura. Quando gases ecologicamente corretos são transformados em fluidos supercríticos e usados como solventes, obtêm-se benefícios ambientais. Um bom exemplo é o dióxido de carbono, que atualmente está sendo usado como fluido supercrítico para fornecer solvatação para uma variedade de reações químicas.

Embora essas decisões relativas aos solventes sejam, em última instância, tomadas caso a caso pelo químico, as informações que estão sendo geradas atualmente, mostrando a utilidade dessas alternativas para uma ampla variedade de classes químicas e tipos de reação, estão se mostrando úteis para o químico pesquisador e o químico de desenvolvimento de processos.

3.4. Produto alternativo/molécula-alvo

Embora uma síntese seja frequentemente motivada pela busca de uma molécula-alvo específica, também é comum que o que realmente esteja sendo buscado seja a capacidade de produzir qualquer produto químico que possa atender a uma função específica ou ter um determinado critério de desempenho. Há muitos anos, o setor farmacêutico vem pesquisando o desenvolvimento de produtos químicos mais seguros. No caso dos produtos farmacêuticos, o objetivo é maximizar os benefícios terapêuticos de uma molécula e, ao mesmo tempo, minimizar ou eliminar os efeitos colaterais tóxicos. Esses mesmos princípios podem ser aplicados a toda a gama de aplicações químicas.

Nos casos em que a função é a principal motivação, o *design* molecular que preserva a eficácia da função e, ao mesmo tempo, reduz a toxicidade ou outros riscos é o objetivo da química verde. Por meio desses esforços e de outras pesquisas toxicológicas, muitas vezes é possível identificar a parte ou partes de uma molécula que produzem efeitos tóxicos. Da mesma forma, por meio da pesquisa química, podemos identificar as partes de uma molécula que são necessárias para dar à substância química a função desejada, permitindo que ela atenda a um uso específico e desejado.

Ao desenvolver produtos químicos mais seguros, identifica-se a parte indesejável e tóxica de uma molécula e diminui-se ou elimina-se sua toxicidade, mantendo-se sua função. Em muitos casos, a sobreposição das partes tóxicas e funcionais cria um desafio que vale a pena para o químico sintético.

3.5. Química analítica de processos

Por química analítica de processos entendemos a medição em tempo real das condições de reação durante a síntese química, juntamente com a capacidade de alterar a reação dependendo do resultado das análises. Por exemplo, imagine que o poluente X está sendo gerado em uma reação em quantidades residuais, mas é formado em quantidades maiores se a temperatura e a pressão ficarem muito altas. Usando a química analítica de processos, é possível medir a concentração do poluente X constantemente durante uma reação e alterar imediatamente as condições se a quantidade de X se tornar inaceitavelmente alta. Atualmente, um volume considerável de pesquisas está sendo realizado no campo da química analítica de processos. A técnica é particularmente aplicável a sínteses biotecnológicas; as reações envolvidas geralmente são bastante complexas e o valor do produto resultante é alto, o que torna econômica a química analítica de processos.

O contexto no qual um catalisador é avaliado pode determinar em grande parte o resultado dessa avaliação. Por exemplo, se você avaliar um catalisador quando a alternativa for uma reação estequiométrica, poderá obter uma resposta. Se avaliar o mesmo catalisador para sua toxicidade e risco ambiental, poderá chegar a uma resposta muito diferente. Como em muitas áreas de prevenção da poluição e proteção ambiental, as compensações entre desempenho e risco não podem ser ignoradas.

3.6. Catalisadores alternativos

Alguns dos principais avanços da química na última geração, especialmente da química industrial, foram na área de catálise. Os catalisadores não apenas aumentaram o nível de eficiência, mas também trouxeram simultaneamente benefícios ambientais. Com o uso de novos catalisadores, os químicos encontraram maneiras de eliminar a utilização de grandes quantidades de reagentes que, de outra forma, seriam necessários para realizar as transformações e que, em última análise, contribuiriam para o fluxo de resíduos. Também é verdade que várias classes de catalisadores, como os catalisadores à base de metais pesados, foram consideradas extremamente tóxicas.

4
Os princípios da química verde

A química verde foi definida de forma concisa no Capítulo 2 e, embora a química verde também tenha sido descrita como o Juramento de Hipócrates para o químico ("Primeiro, não faça mal"), a verdadeira definição de uma subdivisão ou de uma área de investigação vem da pesquisa e das realizações que nela são conduzidas. É essa derivação orgânica que não apenas responde à pergunta "o que é química verde?", mas também fornece o escopo e o alcance da química verde, de modo que possamos ver até onde a química verde pode ir e irá no futuro.

A lista dos "Doze princípios da química verde" deve ser vista como um reflexo da ciência que tem sido feita nesse campo nascente, bem como uma direção que foi definida por alguns dos cientistas pioneiros que lançaram as bases para o futuro (Figura 4.1).

4.1. É melhor evitar o desperdício do que tratar ou despoluir o resíduo depois de formado

Sempre foi previsto e esperado que houvesse custos "normais" associados à fabricação e ao uso de produtos químicos. Certamente, você precisa pagar pelos materiais de partida e reagentes que serão uma parte intrínseca do produto. No entanto, um custo que se tornou significativo nos últimos vinte anos é o do tratamento e do descarte de substâncias químicas. Quanto mais perigosa for a substância, mais caro será seu tratamento. Isso geralmente é verdade, quer se trate de um grande fabricante de produtos químicos ou de um pequeno laboratório acadêmico.

1 É melhor evitar o desperdício do que tratar ou despoluir o resíduo depois de formado.

2 Os métodos sintéticos devem ser desenvolvidos para maximizar a incorporação ao produto final de todos os materiais usados no processo.

3 Sempre que possível, as metodologias sintéticas devem ser desenvolvidas para usar e gerar substâncias que tenham pouca ou nenhuma toxicidade para a saúde humana e o meio ambiente.

4 Os produtos químicos devem ser desenvolvidos para preservar a eficácia da função e, ao mesmo tempo, reduzir a toxicidade.

5 O uso de substâncias auxiliares (por exemplo, solventes, agentes de separação etc.) deve ser evitado sempre que possível e inócuo quando indispensável.

6 Os requisitos energéticos devem ser reconhecidos por seus impactos ambientais e econômicos e ser minimizados. Os métodos sintéticos devem ser conduzidos em temperatura e pressão ambiente.

7 Uma matéria-prima deve ser renovável ao invés de não renovável sempre que for técnica e economicamente viável.

8 A derivatização desnecessária (grupos de bloqueio, proteção/desproteção, modificação temporária de processos físicos/químicos) deve ser evitada sempre que possível.

9 Os reagentes catalíticos (tão seletivos quanto possível) são superiores aos reagentes estequiométricos.

10 Os produtos químicos devem ser desenvolvidos de forma que, ao final de sua função, não persistam no ambiente e se decomponham em produtos de degradação inócuos.

11 As metodologias analíticas precisam ser desenvolvidas para permitir o monitoramento e o controle em tempo real durante o processo, antes da formação de substâncias perigosas.

12 As substâncias e a forma de uma substância usada em um processo químico devem ser escolhidas de modo a minimizar a probabilidade e o potencial de acidentes químicos, incluindo liberações, explosões e incêndios.

Figura 4.1. Os doze princípios da química verde.

É impressionante imaginar que, em muitas das grandes empresas químicas dos Estados Unidos, os gastos com pesquisa e desenvolvimento são equivalentes aos gastos com saúde e segurança ambiental. Essa afirmação mostra que uma das verdadeiras vítimas dos custos do uso e da geração de substâncias perigosas é o crescimento e a inovação da ciência e do setor químico. As universidades e faculdades de pequeno porte estão enfrentando o desafio do custo do descarte de resíduos de laboratórios de química, tanto educacionais quanto de pesquisa, reduzindo o número de laboratórios ou a escala em que os experimentos laboratoriais são realizados.

Os custos de lidar com substâncias perigosas, seja por meio do manuseio, tratamento ou descarte, continuaram a aumentar substancialmente. Esses custos agora terão de ser levados em conta, a menos que se consiga eliminá-los. A única maneira de não ter esses custos é evitar o uso ou a geração de substâncias perigosas, planejando a química por meio do uso de técnicas de química verde. É com esse método que os custos de tudo, desde os controles de engenharia até os equipamentos de proteção individual e a conformidade regulatória, podem ser minimizados, se não eliminados, e os gastos associados podem ser evitados.

Um tipo de produto residual que é comum e, muitas vezes, o mais evitável é o material de partida ou reagente que não é convertido. Uma ferramenta que permite avaliar o absurdo do desperdício de material de partida nas estruturas de custo atuais é o simples pensamento de que, "quando alguém desperdiça material de partida, está pagando pela substância duas vezes: uma como matéria-prima e outra como resíduo e, portanto, não obteve nenhuma utilidade da substância". Com frequência, o custo do descarte de resíduos pode ser muitas vezes superior ao custo do material de partida virgem. Colocado nesses termos, a perda presente nessa equação é intolerável sempre que for evitável.

Em praticamente todos os aspectos da sociedade há muito tempo se reconhece que prevenir um problema é melhor que tentar resolvê-lo depois de criado. Provérbios de centenas de anos atrás já diziam: "Um grama de prevenção vale mais que um quilo de cura".

Uma analogia semelhante é a da medicina preventiva, que é amplamente reconhecida como sendo preferível a ter que curar a doença.

Ao contrário, o setor químico e outros fabricantes ou processadores de produtos químicos evitaram a prevenção por gerações até recentemente. Tradicionalmente, e ainda em alguns setores, a lógica era que, embora certas substâncias e resíduos fossem perigosos, os químicos sabiam como lidar e tratar esses produtos. Essa lógica é tão ilógica quanto dizer que, pelo fato de um médico saber como curar uma doença, uma pessoa não deve tentar evitar contraí-la. Os danos e os custos de consertar um problema são sempre maiores do que os de evitá-lo, seja uma apendicite ou produtos químicos tóxicos. Sempre haverá riscos e perigos na vida e, portanto, é imprudente desperdiçar tempo, dinheiro e esforço para lidar com os desafios que podem ser evitados.

Um critério que é frequentemente utilizado para calcular a necessidade ou o desejo de tratamento ou controle de uma substância química é se houve ou não danos causados pela geração de resíduos. Em muitos casos, o "dano" é simplesmente o fato de as substâncias terem sido processadas ou transformadas inutilmente, custando energia, dinheiro, tempo para a separação do produto e quase sempre exigindo tecnologia para descartá-las ou torná-las inócuas. Na equação na qual o dano foi causado pela geração de um ou outro resíduo, a avaliação geralmente se concentra simplesmente na vida e na saúde humana ou no bem-estar do meio ambiente. Embora esses critérios sejam de suma importância, deve-se reconhecer também que, quando resíduos que não precisariam existir são gerados ou, em alguns casos, apenas quando perigos evitáveis são permitidos, há "danos" e "prejuízos".

O simples fato de um processo gerar resíduos significa que é necessário separar, tratar e descartar as substâncias perigosas. O fato de substâncias perigosas serem usadas significa que é preciso haver manuseio especial, equipamentos de proteção e controles de engenharia. Em termos mais amplos, isso é um dano que precisa ser levado em conta na avaliação de quais substâncias e quais processos usar. É possível que, em certos casos, esse "prejuízo" não tenha consequência suficiente para mudar a natureza do processo, mas sempre tem consequência suficiente para ser considerado.

4.2. Os métodos sintéticos devem ser desenvolvidos para maximizar a incorporação ao produto final de todos os materiais usados no processo

Durante todo o século XX, os livros sobre química orgânica não apresentavam equações químicas balanceadas. As reações que eles descreviam raramente, ou nunca, levavam em conta os subprodutos e coprodutos que são necessariamente gerados no curso de uma transformação sintética. A avaliação clássica da eficácia e da eficiência de uma síntese é o rendimento. O "rendimento" também ignora totalmente o uso ou a geração de quaisquer produtos indesejáveis que sejam uma parte importante da síntese. É possível, e muito frequente, que uma via sintética, ou mesmo uma etapa sintética, possa atingir 100% e gerar resíduos muito maiores em massa e volume do que o produto desejado. Isso é verdade porque o cálculo é baseado no conceito de moles de material de partida *versus* moles de produto. Se um mol de material de partida produz um mol do produto desejado, o rendimento é de 100% e a síntese é considerada perfeitamente eficiente por esse cálculo. Essa mesma transformação, no entanto, pode produzir um ou mais moles de resíduos para cada mol de produto. Cada mol desse resíduo pode ter muitas vezes a massa molecular do produto desejado. Portanto, uma síntese "perfeitamente eficiente", de acordo com o cálculo do rendimento percentual, poderia gerar quantidades significativas de resíduos e isso seria invisível usando apenas essa equação avaliativa.

Uma ilustração clássica dessa falha na abordagem de rendimento é a reação de Wittig. Essa reação introduz uma funcionalidade com uma massa molecular significativamente menor do que a massa molecular do resíduo. Essa reação ainda pode prosseguir com um rendimento de 100%. É por causa dessa discrepância que o conceito de economia atômica é usado. A economia atômica é uma avaliação em que se analisam todos os reagentes para medir o grau em que cada um deles é incorporado ao produto final. Portanto, se todos os reagentes forem completamente incorporados ao produto, diz-se que a rota sintética é 100% econômica em termos de átomos. Os tipos de transformação sintética padrão podem ser avaliados genericamente para determinar a economia intrínseca de átomos de cada tipo.

4.2.1. Rearranjos

Por definição, uma reação de rearranjo é uma reorganização dos átomos que compõem uma molécula. Portanto, necessariamente, é uma reação 100% econômica em termos de átomos, em que todos os reagentes são incorporados ao produto.

4.2.2. Adição

Como as reações de adição combinam os elementos do reagente a um substrato com incorporação total (por exemplo, cicloadições, bromação de olefinas), elas são econômicas em termos atômicos.

4.2.3. Substituição

Quando uma reação de substituição é efetuada, o grupo de substituição desloca um grupo de saída. O grupo de saída é necessariamente um produto residual da reação que não é incorporado no produto final e, portanto, diminui a economia atômica da transformação. O grau exato em que a reação não é econômica em termos de átomos depende dos reagentes e substratos específicos usados.

4.2.4. Eliminação

As reações de eliminação transformam o substrato diminuindo o número de átomos para gerar o produto final. Nesse caso, os reagentes usados não se tornam parte do produto final e os átomos eliminados são perdidos como resíduos. Portanto, essa é, intrinsecamente, a transformação sintética básica menos econômica em termos de átomos.

4.3. Sempre que possível, as metodologias sintéticas devem ser desenvolvidas para usar e gerar substâncias que tenham pouca ou nenhuma toxicidade para a saúde humana e o meio ambiente

A base fundamental da química verde é a incorporação da minimização ou eliminação de riscos em todos os aspectos do planejamento químico.

Ao contrário de tantas tentativas no passado para proteger o meio ambiente através da limitação, regulação ou eliminação da química e de substâncias químicas, a abordagem da química verde, no entanto, enfatiza a química como a solução, e não como o problema. A química verde reconhece que é por meio das habilidades e do conhecimento dos químicos que o mundo de hoje pode ter os avanços tecnológicos modernos que se espera da comunidade científica de uma forma segura para a saúde humana e o meio ambiente.

Há uma necessidade intrínseca de considerar o perigo ao desenvolver produtos químicos para o meio ambiente. Há apenas duas maneiras de minimizar o risco de qualquer tipo de dano: minimizar a exposição ou minimizar o perigo. A minimização da exposição pode assumir várias formas, como roupas de proteção, controles de engenharia, respiradores etc. Aqueles que acham que o perigo não deve ser incluído em uma avaliação e planejamento químico geralmente acreditam que, como "eles sabem melhor como lidar com os perigos" devido à sua experiência química, devem usar qualquer substância que escolherem, independentemente do perigo (por exemplo, toxicidade, inflamabilidade).

O motivo pragmático pelo qual o perigo deve ser considerado é duplo. Primeiramente, é praticamente impossível controlar a exposição sem aumentar o custo de um processo. Todos os mecanismos de controle, sejam eles roupas, controles de engenharia etc., custam algo. Portanto, está-se aumentando o custo desnecessariamente. Em segundo lugar, os controles de exposição podem falhar e, portanto, o risco aumenta proporcionalmente a essa falha. O perigo, entretanto, é uma característica intrínseca que não vai mudar e, assim, o risco não aumentará espontaneamente.

Há outras respostas para a pergunta: "por que devemos considerar o perigo?". Do ponto de vista ético, uma resposta é: "porque podemos". Os químicos têm o conhecimento e as habilidades para minimizar os riscos enfrentados pelo público, pelo meio ambiente e pelos consumidores de produtos químicos em geral. De posse desse conhecimento, há a responsabilidade de garantir que nenhum dano seja causado sempre que possível. Isso não significa evitar o conhecimento a fim de que não haja nenhum dano, mas sim usar o conhecimento que os químicos já possuem para buscar inovações futuras de forma mais segura para a saúde humana e o meio ambiente.

Uma resposta igualmente válida para a pergunta é: "porque precisamos". Precisamos porque, se você olhar para isso por uma perspectiva econômica, legislativa, ou social, a química, os químicos e a indústria química não têm escolha. O meio ambiente sofreu danos tremendos devido ao mau uso e à falta de visão de alguns membros de corporações químicas e da sociedade em geral. O setor químico e as universidades estão sendo economicamente prejudicados pelos custos de lidar com esses perigos. Legalmente, as leis cada vez mais restritivas têm o potencial de sufocar a inovação se as soluções científicas não as substituírem. E, socialmente, o papel dos químicos se tornou uma dicotomia entre serem considerados tanto inovadores quanto poluidores. Nenhuma dessas circunstâncias, que geralmente descrevem o *status quo*, é aceitável. Ao desenvolver uma química que reduz ou elimina os riscos, a química verde oferece a opção científica para lidar com cada uma dessas circunstâncias problemáticas.

4.4. Os produtos químicos devem ser desenvolvidos para preservar a eficácia da função e, ao mesmo tempo, reduzir a toxicidade

4.4.1. O que significa desenvolver produtos químicos mais seguros?

Essa área da química verde costuma ser chamada simplesmente de "desenvolvimento de produtos químicos mais seguros". Por meio do conhecimento da estrutura molecular, os químicos podem definir as características da substância. Certamente, o campo da química desenvolveu ferramentas abrangentes para medir e estimar as propriedades dos produtos químicos. Esses produtos podem ser tão diversos quanto corantes, tintas, adesivos ou produtos farmacêuticos, e as propriedades avaliadas podem ser tão variadas quanto cor, resistência à tração, potencial de reticulação e atividade antitumoral.

Ao mesmo tempo, químicos, toxicologistas e farmacologistas têm desenvolvido outras ferramentas para usar o conhecimento das estruturas químicas para caracterizar a toxicidade das moléculas. Esses desfechos podem ser tão diversos quanto a carcinogenicidade, a mutagenicidade, a neurotoxicidade e a toxicidade reprodutiva e de desenvolvimento.

O desenvolvimento de produtos químicos mais seguros busca o equilíbrio entre maximizar o desempenho e a função desejados do produto químico e, ao mesmo tempo, garantir que a toxicidade e o perigo sejam reduzidos ao menor nível possível. Felizmente, essas metas podem ser alcançadas com precisão porque os químicos têm buscado as metodologias para caracterização e *design* da estrutura molecular.

4.4.2. Por que isso agora é possível?

Essa abordagem para o desenvolvimento de produtos químicos mais seguros agora é possível porque houve grandes avanços na compreensão da toxicidade química. Sempre foi fácil medir as características de desempenho de um produto químico para verificar se ele pode exercer a função para a qual foi desenvolvido. Nem sempre foi fácil identificar o que na molécula é responsável por sua toxicidade. Na última geração, houve um grande esforço para identificar os mecanismos de ação das substâncias no corpo e no meio ambiente. Esses mecanismos detalham as reações exatas que ocorrem no corpo ou no ambiente para provocar o efeito tóxico. Conhecendo-os detalhadamente, os químicos podem modificar a estrutura para que essas reações não sejam mais possíveis, reduzindo assim sua toxicidade.

Há várias abordagens básicas para desenvolver produtos químicos mais seguros. Se uma determinada reação for essencial para que o mecanismo tóxico seja realizado, uma alteração estrutural poderá ser feita para garantir que ela não ocorra. Obviamente, qualquer modificação estrutural garantiria que a função e o desempenho da molécula ainda fossem preservados.

O segundo nível seria usado nos casos em que o mecanismo exato não é conhecido. Nesses casos, ainda pode haver uma correlação entre a estrutura química (por exemplo, a presença de grupos funcionais) e a existência de um efeito tóxico. Nesse caso, a funcionalidade relacionada ao efeito tóxico seria evitada, minimizada ou eliminada para reduzir ou erradicar o desfecho tóxico.

Um terceiro nível seria realizado por meio da minimização da biodisponibilidade. Se uma substância é tóxica, mas não consegue atingir seu órgão-alvo (por exemplo, estômago, pulmões, fígado), onde sua toxicidade se manifestaria, então ela se torna inócua para todos os efeitos. Como os químicos têm uma longa tradição de saber como alterar as propriedades físicas e químicas de uma molécula, como a solubilidade em água e a polaridade, podem manipular facilmente as moléculas para dificultar ou impedir que elas sejam absorvidas pelas membranas biológicas e tecidos. Ao eliminar a absorção e a biodisponibilidade, a toxicidade é simultaneamente reduzida. Portanto, desde que a alteração nas propriedades para tornar a molécula menos biodisponível não prejudique a função e o uso pretendidos da molécula, ela será eficaz e menos tóxica.

4.5. O uso de substâncias auxiliares (por exemplo, solventes, agentes de separação etc.) deve ser evitado sempre que possível e inócuo quando indispensável

4.5.1. O uso geral de substâncias auxiliares

Na fabricação, no processamento e no uso de produtos químicos, substâncias auxiliares são usadas em todas as etapas. Uma substância auxiliar pode ser definida como aquela que ajuda no *design* de um produto químico ou de produtos químicos, mas não faz parte da própria molécula. Essas substâncias são usadas para superar obstáculos específicos na síntese ou produção de uma molécula ou produto químico. Muitas substâncias auxiliares passaram a ser tão amplamente utilizadas que raramente se avalia se elas são necessárias ou não. Isso se aplica aos solventes em muitos casos, bem como aos agentes de separação em diversas operações. Com frequência, esses auxiliares podem ter propriedades preocupantes para a saúde humana e o meio ambiente.

4.5.2. Preocupações com solventes

No caso dos solventes comumente usados, há uma série de preocupações associadas a eles. Os solventes halogenados, como cloreto de metileno (diclorometano), clorofórmio, percloroetileno e tetracloreto de carbono, foram identificados há muito tempo como suspeitos de serem cancerígenos para os seres humanos. Por meio de um mecanismo diferente, benzeno e outros hidrocarbonetos aromáticos também estiveram envolvidos na causa ou no avanço do câncer em humanos e outros animais. Todas essas substâncias são amplamente utilizadas e altamente valorizadas por suas excelentes propriedades de solvatação em uma ampla gama de aplicações. Esses benefícios, no entanto, estão associados aos riscos à saúde mencionados.

4.5.3. Meio ambiente

As preocupações com os solventes vão além das implicações diretas para a saúde dos seres humanos e da vida selvagem, abrangendo os efeitos sobre o meio ambiente e o ecossistema em que todos residimos. Talvez a mais conhecida das implicações ambientais dos solventes seja a redução da camada de ozônio estratosférico. Os clorofluorcarbonos (CFCs) foram amplamente utilizados durante boa parte do século XX. Não há dúvida de sua eficácia, comprovada nas utilizações previstas, desde solvente de limpeza, propelente, agente de expansão para espumas plásticas moldadas até refrigeração. Também é verdade que os CFCs têm toxicidade direta muito baixa para os seres humanos e a vida selvagem e têm baixo risco de acidentes porque não são inflamáveis nem explosivos. No entanto, o efeito dos CFCs na destruição da camada de ozônio e os efeitos ambientais resultantes foram amplamente divulgados.

Os compostos orgânicos voláteis (VOCs, do inglês Volatile Organic Compounds), que representam uma ampla gama de hidrocarbonetos e seus derivados, têm sido usados como solventes em grande número de aplicações. Essa classe de produtos químicos está envolvida na geração de ozônio atmosférico, comumente conhecido como *smog*. Por meio da criação indireta desse efeito ambiental, muitas pessoas com problemas respiratórios apresentam grande sofrimento.

Nos Estados Unidos, foram criadas regulamentações de acordo com a Lei do Ar Limpo [Clean Air Act], bem como uma variedade de outras autoridades legais, para controlar muitas classes de produtos químicos usados como solventes. Como as medidas regulamentares costumam custar quantias significativas para serem cumpridas, muitas empresas estão buscando substâncias alternativas para usar como solventes ou, em uma abordagem mais fundamental, alternativas ao uso de solventes em primeiro lugar.

Também existem preocupações com as substâncias auxiliares usadas na realização de separações. A maioria dessas preocupações não está focada em classes ou tipos específicos de substâncias, como foi o caso dos solventes, e são mais genéricas. Um exemplo das características dos agentes de separação que os tornam preocupantes são os requisitos do material. Os materiais usados para obter ou facilitar a separação de produtos de subprodutos, coprodutos, impurezas ou outras substâncias relacionadas podem ser bastante volumosos e caros. Além disso, as metodologias de separação também podem exigir uma grande quantidade de energia, por meio de mecanismos de processamento mecânico ou térmico. Por fim, quando se consegue a separação após o processamento, esses materiais auxiliares passam a fazer parte do fluxo de resíduos e precisam de algum tipo de tratamento ou descarte.

Um tipo comum de metodologia de separação/purificação é o uso da recristalização, que requer o uso de energia e/ou substâncias que são adicionadas para alterar a solubilidade dos constituintes dissolvidos a fim de obter uma precipitação distinta. Os materiais e a energia utilizados precisam ser avaliados não apenas quanto à sua contribuição para o fluxo de resíduos, mas também quanto a qualquer risco intrínseco que possam apresentar.

Outro tipo extremamente comum de separação usado em toda a química é a cromatografia. Embora a cromatografia estritamente para análise e caracterização use apenas quantidades mínimas de substâncias auxiliares, as separações em escala maior são proporcionalmente mais preocupantes. Os materiais associados às fases móvel e estacionária podem ter algum risco associado a eles. Mesmo nos casos em que o perigo não é uma preocupação significativa, as considerações sobre resíduos e energia precisam ser incorporadas à avaliação do efeito que as substâncias auxiliares terão no processo químico geral.

4.5.4. Fluidos supercríticos

Certamente existem alternativas ao uso tradicional de substâncias auxiliares, que estão sendo buscadas pelos motivos que impulsionam todos os fundamentos da química verde. Algumas das alternativas aos solventes orgânicos tradicionais incluem o uso de fluidos de fase supercrítica ou densa, como o dióxido de carbono supercrítico. Esse sistema tem a vantagem de não ser apenas inócuo do ponto de vista da saúde humana e do meio ambiente, mas também de ser útil para aumentar a facilidade de separação e a seletividade.

Os fluidos supercríticos são formados submetendo-se, normalmente, pequenas moléculas, como o dióxido de carbono, à temperatura e à pressão adequadas para atingir o ponto crítico, o que faz que as moléculas possuam o caráter de um fluido que é mais bem descrito como um intermediário entre um líquido e um gás. Esse fluido tem a propriedade de ser um solvente ajustável, o que significa que as propriedades do solvente podem ser modificadas com o ajuste dos parâmetros de temperatura e pressão. Isso permite que os sistemas de solventes supercríticos substituam uma variedade de outros solventes que podem apresentar riscos ou ser altamente regulamentados.

4.5.5. Sem solventes

Os sistemas sem solventes têm a vantagem mais óbvia para a saúde humana e o meio ambiente no que diz respeito à consideração do perigo. Muitas empresas e cientistas do meio acadêmico estão desenvolvendo métodos em que os reagentes e as matérias-primas também servem como solventes. Outros sistemas têm os reagentes e as matérias-primas reagindo no estado fundido para garantir a mistura adequada e as condições ideais de reação. Há trabalhos inovadores sendo realizados em que as reações ocorrem em superfícies sólidas, como argilas especializadas. Todas essas abordagens evitam a necessidade de se usar a substância auxiliar (solvente) no processo.

4.5.6. Aquoso

Os sistemas aquosos têm sido investigados ao longo dos anos por razões de eficácia e seletividade e isso forneceu uma excelente base para o uso desses sistemas como solventes ambientalmente benignos. É óbvio que a água é, sem dúvida, a substância mais inócua da Terra e, portanto, o solvente mais seguro possível. Considerações adicionais sobre métodos que usam sistemas aquosos como solventes e o custo da separação de produtos e subprodutos após a fabricação são importantes, pois é necessário garantir que o efluente de um processo não contenha, de fato, uma concentração maior de contaminantes em comparação com o que estaria presente com solventes tradicionais. O uso da água como solvente tem vantagens distintas que, no entanto, devem ser examinadas caso a caso quanto a seu impacto ambiental geral.

4.5.7. Imobilizado

Um grande problema com muitos solventes em relação à saúde humana e ao meio ambiente é sua capacidade de volatilizar e, assim, ter um efeito prejudicial ao expor indivíduos e promover a contaminação do ar. Uma solução que está sendo investigada é o uso de solventes imobilizados. A imobilização assumiu várias formas, mas o objetivo de cada uma delas é o mesmo: manter a solvatação de um material e, ao mesmo tempo, torná-lo não volátil e incapaz de expor os seres humanos ou o meio ambiente a seu perigo. Em alguns casos, isso pode ser feito acoplando a molécula do solvente a um suporte sólido ou construindo a molécula do solvente diretamente sobre a superfície de um polímero. Em alguns casos, novas substâncias poliméricas estão sendo desenvolvidas para que tenham propriedades de solventes e, ao mesmo tempo, não tenham propriedades que possam torná-las perigosas.

4.6. Os requisitos energéticos devem ser reconhecidos por seus impactos ambientais e econômicos e ser minimizados

4.6.1. Uso de energia pela indústria química

Há muito tempo se sabe que a geração e o consumo de energia possuem um importante efeito ambiental (Figura 4.2). A química e as transformações químicas devem desempenhar e desempenham um papel importante na captura e conversão de substâncias em energia, bem como na conversão de fontes de energia existentes numa forma que seja utilizável pela sociedade. É claro que deve haver um compromisso contínuo para fazer esse processo ter um perfil sustentável, ao contrário da situação atual. Deve-se também reconhecer que, nas atuais circunstâncias, a indústria é responsável por uma enorme parcela de todo o uso de energia nos países industrializados.

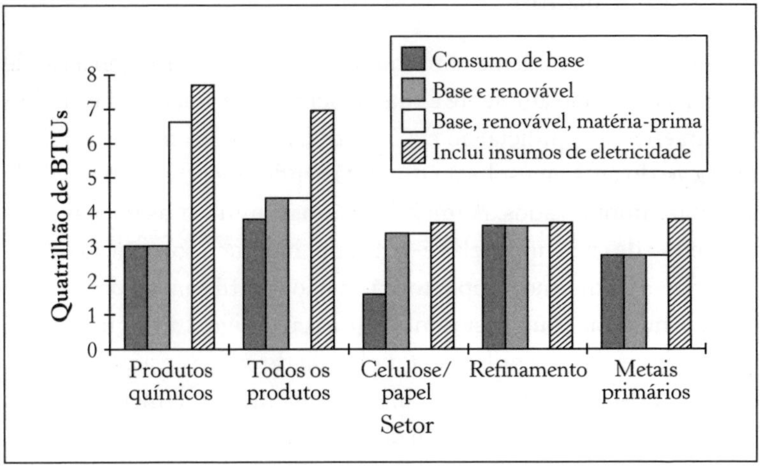

Figura 4.2. Uso de energia pela indústria química e outras.[11]

4.6.2. Como a energia é usada

Em geral, tem havido uma prevalência no tratamento de reações que requerem entrada de energia de maneira semelhante entre si. Se o material de partida e os reagentes se dissolverem bem em um determinado solvente, o meio reacional é simplesmente aquecido até o refluxo pelo tempo previsto ou até que a reação seja concluída. Geralmente falta uma análise dos requisitos de aquecimento, se houver, para uma reação específica durante o desenvolvimento de uma síntese. Muitas vezes, cabe ao engenheiro de processos levar em conta quaisquer requisitos térmicos ou energéticos para tornar o processo eficiente.

4.6.3. A necessidade de acelerar as reações com o calor

Nos casos em que uma reação está sendo conduzida a seu produto termodinâmico, é comum que isso seja realizado por meio de energia térmica. Essa energia é utilizada para superar qualquer energia de ativação que precise ser alcançada para que a reação seja concluída. Uma das grandes vantagens dos catalisadores é que, ao promover um caminho diferente com menor energia de ativação para um tipo específico de reação, a quantidade de energia térmica necessária para realizar uma transformação é minimizada.

4.6.4. A necessidade de controlar a reatividade por meio de resfriamento

Em alguns casos, as reações são tão exotérmicas que é necessário controlá-las por meio de resfriamento, às vezes substancial. Essa maneira térmica de controlar a velocidade da reação é frequentemente necessária para estudar reações que são excepcionalmente rápidas e ocorrem em microssegundos. Além disso, na fabricação de produtos químicos, a redução da velocidade da reação por meio do resfriamento às vezes é necessária para evitar qualquer chance de uma reação "desenfreada" ou descontrolada, que poderia resultar em um grave acidente químico. De qualquer forma, há custos, ambientais e monetários, que estão envolvidos com o resfriamento, tanto quanto com o aquecimento.

4.6.5. Requisitos de energia nas separações

Alguns dos processos mais intensivos em energia no setor químico são os processos de purificação e separação. Independentemente de as separações/purificações serem realizadas por meio de destilação, recristalização ou ultrafiltração, energia será gasta para garantir a separação do produto da impureza. Ao desenvolver um processo que minimize a necessidade de separações desse tipo, o químico também está garantindo que, na maior parte do tempo, não haverá uma grande quantidade de energia, seja térmica, elétrica ou de outras formas, necessária para obtenção do produto.

4.6.6. Micro-ondas

O uso da energia de micro-ondas é uma técnica que está sendo utilizada para realizar transformações químicas rapidamente e, muitas vezes, no estado sólido, que, classicamente, eram realizadas em soluções líquidas.[12] Em muitos casos, as técnicas de micro-ondas mostraram vantagens distintas por não exigirem aquecimento prolongado para a realização de uma reação. Além disso, as reações realizadas no estado sólido também evitam a necessidade de aquecimento adicional de todo o solvente auxiliar que é necessário quando a química está sendo realizada em solução.

4.6.7. Sônico

Certos tipos de transformação (cicloadições, reações pericíclicas) foram estudados quanto à sua capacidade de serem catalisados pelo uso de energia ultrassônica em um sonicador. Com o uso dessa técnica, as condições do ambiente local das espécies reagentes são alteradas o suficiente para promover uma transformação química. Essa, como qualquer outra forma de energia, precisaria ser avaliada para cada reação a fim de se verificar se é a alternativa mais eficiente na produção do alvo sintético.

4.6.8. A otimização da reação deve significar a minimização dos requisitos de energia

Os químicos geralmente se esforçam para "otimizar" uma reação ou toda a rota sintética depois de ter sido comprovado que ela funciona. O uso do termo otimização geralmente é um eufemismo para o esforço de aumentar o rendimento ou a conversão percentual da reação dos materiais de partida no produto. O que geralmente não é considerado é a necessidade de energia no esquema sintético, do tipo que mencionamos. Geralmente, cabe ao engenheiro de processos equilibrar os requisitos de energia. No entanto, assim como no caso das substâncias perigosas e dos resíduos perigosos usados e gerados por um esquema reacional, o químico que desenvolve a reação exerce a maior influência sobre quais são os requisitos de energia para determinado processo de síntese ou fabricação. Embora possam ser ajustados e otimizados, é somente por meio do desenvolvimento do sistema de reação que os requisitos inerentes de energia podem ser fundamentalmente alterados. Portanto, sempre que possível, os químicos devem incluir os requisitos de energia de todos os diferentes estágios do processo sintético em seu processo de avaliação e se esforçar para minimizá-los.

4.7. Uma matéria-prima deve ser renovável ao invés de não renovável, sempre que for técnica e economicamente viável

4.7.1. O que são matérias-primas renováveis e não renováveis?

As comunidades científica, industrial e ambiental têm se concentrado bastante no uso de recursos renováveis. A diferença entre um recurso renovável e um que está se esgotando pode ser descrita simplesmente como "tempo". Os recursos não renováveis são geralmente considerados como os combustíveis fósseis. Exceto pelo fato de que isso exigiria milhões de anos para ocorrer, os combustíveis fósseis poderiam ser tidos como renováveis, uma vez que a vegetação poderia ser novamente convertida em petróleo. Como isso geralmente não é considerado prático, os combustíveis fósseis são classificados como não renováveis. Um dos recursos verdadeiramente não renováveis que temos é o Sol e a energia solar, mas isso também está sujeito ao critério do tempo. Como o Sol durará milhões de anos, ele é frequentemente chamado de suprimento infinito de energia, embora, diferentemente dos combustíveis fósseis, uma vez esgotado, nunca mais será reposto.

As matérias-primas renováveis são mais frequentemente associadas a materiais de partida biológicos e de origem vegetal. O termo, no entanto, pode ser igualmente aplicado a substâncias que são facilmente regeneradas em um período de tempo acessível à vida humana. Substâncias como o dióxido de carbono podem ser geradas a partir de um suprimento onipresente de fontes, tanto naturais quanto sintéticas, por isso o CO_2 pode ser considerado um recurso renovável. É possível utilizar-se o mesmo argumento com relação ao gás metano, já que possui uma variedade de fontes naturais, incluindo grandes mamíferos e matéria vegetal em decomposição, como a grama do pântano.

4.7.2. Sustentabilidade

A preocupação mais óbvia com a grande utilização de recursos limitados ou não renováveis é o fato de que, por definição, eles podem acabar ou se esgotar. Essa inevitabilidade, portanto, não é considerada sustentável, seja do ponto de vista ambiental ou econômico. Uma definição de sustentabilidade é a capacidade de manter o desenvolvimento da qualidade de vida sem comprometer a capacidade de nossos descendentes de fazerem o mesmo. Portanto, se a nossa geração consumisse recursos petrolíferos a ponto de eles não serem mais uma opção viável e utilizável para as gerações futuras, isso violaria as metas de sustentabilidade.

4.7.3. Efeitos ambientais diretos

O impacto ambiental do uso de combustíveis fósseis tem tido um efeito pronunciado historicamente sobre a saúde humana e o meio ambiente. Há um legado ambiental, que inclui a doença do pulmão negro e a destruição de *habitats* relacionados à mineração de carvão, além de derramamentos de óleo e poluição do ar relacionados ao refino de petróleo.

4.7.4. Efeitos ambientais indiretos

Um efeito menos óbvio sobre a saúde humana e o meio ambiente é derivado da natureza do petróleo como o principal bloco de construção para a indústria química na última metade do século XX. Os hidrocarbonetos de petróleo geralmente estão em sua forma totalmente reduzida e, portanto, exigem o uso da química de oxidação para funcionalizá-los e derivá-los a fim de produzir uma variedade de outros produtos úteis. A química de oxidação tem sido uma das mais poluentes e contribuintes para o risco à saúde humana e ao meio ambiente, sobretudo pelo uso de metais pesados como agentes oxidantes, por exemplo o cromo.

4.7.5. A oferta limitada gera pressão econômica

Uma segunda preocupação óbvia ao usar recursos não renováveis ao invés de recursos renováveis é o fato de que, à medida que os suprimentos se esgotam, as leis de oferta e procura determinam que o custo dessa matéria-prima deve aumentar. É verdade que o preço do barril de petróleo é praticamente o mesmo de vinte anos atrás quando ajustado pela inflação, mas os princípios da economia subjacente são indiscutíveis. À medida que os suprimentos de petróleo forem consumidos, a economia ditará outras opções para todos os produtos de petróleo atualmente no mercado. Com o aumento dos preços do petróleo, as pessoas serão cada vez mais levadas a utilizar essas matérias-primas para produtos de maior valor, em vez de queimá-las como combustível. Um desses usos de maior valor tem sido o de produtos químicos básicos e intermediários para a preparação de substâncias mais complexas. Atualmente, o uso de matérias-primas biológicas para o desenvolvimento dos mesmos produtos químicos e intermediários de maior valor está sendo estudado e, em alguns casos, comercializado de forma ambientalmente benigna.

4.7.6. Os reflexos políticos do petróleo

Já foi dito que, se o custo total do petróleo fosse assumido pelo mercado, o preço real dos produtos petrolíferos, como a gasolina, seria muitas vezes maior do que o atual. Alguns desses custos são ambientais, outros são militares e outros são políticos. Por exemplo, se os custos de proteção das rotas de transporte de petróleo fossem incluídos no preço da gasolina, qual seria o preço resultante? Se os custos de limpeza ambiental de derramamentos ou vazamentos de tanques subterrâneos de armazenamento de petróleo fossem diretamente convertidos no preço do barril de petróleo, qual seria o preço?

4.7.7. Preocupações com as matérias-primas biológicas

4.7.7.1. *"Fornecimento sazonal"*

As matérias-primas biológicas e renováveis também trazem preocupações, tanto econômicas quanto ambientais. Uma preocupação econômica é a disponibilidade de uma matéria-prima biológica quando ela é necessária. A virtude de os recursos renováveis serem gerados rapidamente em tempo real se torna defeito quando uma grande quantidade de matéria-prima é necessária continuamente e, devido à seca ou à quebra de safra, o suprimento de matéria-prima desaparece. Seria inviável que as engrenagens do setor parassem devido a essa imprevisibilidade. (Pode-se, no entanto, perguntar: isso é mais imprevisível do que os ventos políticos de algumas das regiões produtoras de petróleo do mundo?)

4.7.7.2. *Uso de terra/energia*

Uma segunda preocupação é a extensão de uso da terra necessária para sustentar os produtos industriais aos quais nos acostumamos usando produtos agrícolas como base. Certamente, as culturas clássicas como matérias-primas requerem terra e muita energia para serem produzidas, a ponto de se tornarem impraticáveis para essa finalidade. É por isso que muitos produtos e processos biológicos não tradicionais estão sendo desenvolvidos e utilizados para viabilizar a utilização de matérias-primas renováveis.

4.8. A derivatização desnecessária (grupo de bloqueio, proteção/desproteção, modificação temporária de processos físicos/químicos) deve ser evitada sempre que possível

4.8.1. A prevalência dessa prática na química

Como a arte e a ciência da síntese química, especialmente a síntese orgânica, tornaram-se mais complexas e os problemas que ela tenta resolver, mais desafiadores, foram desenvolvidos métodos que exigem manipulação significativa para superação dos obstáculos. Independentemente de o obstáculo ser a obtenção de estereocontrole, a realização de uma reação na presença de um grupo funcional lábil ou algum outro desafio, a abordagem desenvolvida geralmente requer a geração de uma modificação molecular ou de um derivado da substância necessária para realizar uma transformação específica.

4.8.2. Bloqueio/proteção de grupos

Uma das técnicas mais comumente usadas é o uso de grupos de bloqueio. Os grupos de bloqueio ou proteção são usados para proteger uma porção sensível das condições da reação que podem comprometer a funcionalidade caso ela fique desprotegida. Um exemplo típico desse tipo de transformação seria a proteção de um álcool por meio da produção do éter benzílico para realização de uma oxidação em outra parte de uma molécula sem afetar o álcool. Após o término da oxidação, o álcool pode ser facilmente regenerado por meio da clivagem do éter benzílico. Esse tipo de derivatização é particularmente comum na síntese de produtos químicos finos, produtos farmacêuticos, pesticidas e determinados corantes. Obviamente, nesse exemplo, o cloreto de benzila (reconhecidamente perigoso) precisa ser manuseado e usado na geração do material e depois regenerado como resíduo na desproteção.

4.8.3. Fabricação de sais etc. para facilitar o processamento

É comum que determinadas substâncias precisem ser formuladas ou misturadas a outras substâncias para afetar suas propriedades macro ou de desempenho. Propriedades como viscosidade, dispersibilidade, pressão de vapor, polarizabilidade e solubilidade em água geralmente precisam ser modificadas temporariamente para atender a várias necessidades de processamento. Essas modificações podem ser tão simples quanto gerar o derivado do sal para facilitar o processamento. Novamente, quando o requisito funcional é concluído, como no caso dos grupos de proteção, o composto original pode ser regenerado facilmente. Obviamente, esse processo utiliza material para produzir a substância e gera um resíduo na regeneração da substância original.

4.8.4. Adição de um grupo funcional apenas para substituí-lo

Ao tentar criar uma metodologia sintética, o químico se esforça para obter alta seletividade em cada reação. Quando há vários sítios reativos em uma molécula, geralmente é aconselhável direcionar a reação para o sítio desejado. Isso pode ser feito primeiro derivatizando o sítio de forma a torná-lo mais atraente para a espécie reativa e fornecer um bom grupo de saída. Por exemplo, é comum usar derivados de halogênio para realizar reações de substituição nucleofílica. O halogênio torna o sítio mais atraente, tornando-o mais eletropositivo, e o próprio halogênio serve como um bom grupo de saída. Não é preciso dizer que há necessidade de formar o derivado, o que consome reagentes, e a reação da substância gera resíduos de halogênio durante o curso das reações desejadas.

4.9. Os reagentes catalíticos (tão seletivos quanto possível) são superiores aos reagentes estequiométricos

Há poucas reações em que o reagente A e o reagente B formam o produto C, no qual todos os átomos contidos em A e B agora residem em C, e nenhum outro reagente é necessário. Nesses raros casos, as reações em proporções estequiométricas são tão benignas para o meio ambiente quanto qualquer outro tipo de reação, do ponto de vista do uso de materiais. No entanto, é mais frequente o caso com reações estequiométricas que:

1. um dos materiais de partida, A ou B, é um reagente limitante e, portanto, haverá material de partida que não reagiu, mesmo em uma reação com 100% de rendimento;
2. um ou ambos os materiais de partida são apenas parcialmente necessários para o produto final e, portanto, o restante das moléculas vai para o fluxo de resíduos; ou
3. são necessários reagentes adicionais para realizar ou facilitar a reação, e esses reagentes precisarão ser descartados no fluxo de resíduos quando a reação for concluída.

É por esses motivos que a catálise, quando disponível, oferece algumas vantagens impressionantes em relação às reações em proporções estequiométricas típicas em muitos casos.

A função dos catalisadores é facilitar uma transformação desejada sem serem consumidos como parte da reação e sem serem incorporados ao produto final. Essa "facilitação" pode assumir várias formas diferentes, inclusive:

Aprimoramento da seletividade. Tem havido um grande esforço e foco na área de seletividade, concentrando-se na catálise. A catálise seletiva foi conquistada para garantir que o grau de reação que ocorre seja controlado (por exemplo, monoadições *vs.* adição múltipla), o sítio da reação seja controlado (por exemplo, *C*-metilações *vs.* *O*-metilações) e a estereoquímica seja controlada (por exemplo, enantiômero *R* *vs.* *S*). Com os avanços na seletividade catalítica, há benefícios simultâneos para a química verde. Isso ocorre porque tanto a utilização do material de partida é aprimorada como a produção de resíduos é minimizada.

Minimização de energia. Além dos benefícios no uso e na geração de materiais, a catálise fez avanços significativos na área de uso de energia. Ao conduzir a reação por um caminho com menor energia de ativação, os sistemas catalíticos não só conseguem controle, mas também reduzem as temperaturas necessárias para completar uma reação. Em processos químicos de *commodities* de larga escala, essa questão do balanço energético pode ser o fator mais importante do ponto de vista da avaliação do impacto ambiental e econômico.

Ao comparar os processos catalíticos com os estequiométricos, a vantagem da catálise é que, enquanto um reagente em quantidades estequiométricas gera um mol de produto para cada mol de reagente usado, de modo geral, um catalisador realiza milhares, senão milhões, de transformações antes de se esgotar.

4.10. Os produtos químicos devem ser desenvolvidos de modo que, ao final de sua função, não persistam no ambiente e se decomponham em produtos de degradação inócuos

4.10.1. A situação atual

Uma grande preocupação com relação aos produtos químicos no meio ambiente é a dos chamados "produtos químicos persistentes" ou "bioacumuladores persistentes". Isso significa simplesmente que, após terem sido descartados ou liberados no meio ambiente, esses produtos químicos permanecem na mesma forma ou são absorvidos por várias espécies de plantas e animais e se acumulam em seus sistemas. Muitas vezes, esse acúmulo é prejudicial para as espécies em questão, seja por meio de efeitos diretos ou de toxicidade indireta. Como o uso para o qual o produto químico foi desenvolvido provavelmente não levou em conta como ele afetaria a saúde humana e o meio ambiente depois de descartado, há muitos problemas a serem tratados devido à existência de produtos químicos que persistem além de sua vida útil.

4.10.2. Persistência no meio ambiente

4.10.2.1. Plásticos

Os plásticos são uma classe comum de compostos que, historicamente, têm sido elogiados por sua durabilidade e longa vida útil. O resultado, no entanto, foi que, em aterros sanitários, oceanos e outros meios aquáticos, os plásticos causaram preocupações ambientais, muitas vezes como resultado de seus atributos físicos e não de suas características químicas. A ingestão de plásticos e similares por aves marinhas tornou-se um problema e, por isso, houve um esforço para fabricar plásticos que se decompõem no meio ambiente, conhecidos como plásticos "biodegradáveis".

4.10.2.2. Pesticidas

Muitos pesticidas são estruturas à base de compostos halogenados. Esses produtos químicos, embora eficazes, também tendem a se bioacumular em muitas espécies de plantas e animais, geralmente no tecido adiposo ou nas células de gordura. Isso pode causar danos tanto à própria espécie quanto, se essa espécie for consumida, aos seres humanos. O pesticida DDT foi um dos primeiros pesticidas desse tipo a apresentar uma ampla gama de comportamentos prejudiciais nesse sentido.

4.10.2.3. Assim como você desenvolve para a função, considere a degradação como uma função

Sempre que um produto químico está sendo desenvolvido, a primeira coisa a fazer é uma avaliação das propriedades que a substância precisa ter. Ao abordar o problema dos bioacumuladores persistentes, as considerações da química verde seriam abordar o descarte da substância após a conclusão de sua função, bem como fazer o desenvolvimento da substância para atingir sua função principal. Se um plástico precisa servir como saco de lixo, por exemplo, ele precisa ter certas propriedades e, além dessas propriedades, deve ser desenvolvido para que não permaneça em seu estado físico intacto no ambiente após o término de sua vida útil.

4.10.2.4. Desenvolvimento para biodegradabilidade

Ao desenvolver um produto químico para biodegradabilidade, é preciso avaliar em quais substâncias o produto principal será decomposto. É possível colocar características e grupos funcionais na estrutura molecular de um produto químico que facilitarão sua degradação. A funcionalidade, que é suscetível à hidrólise, fotólise ou outra clivagem, tem sido usada com sucesso para garantir que os produtos sejam biodegradáveis.

Entretanto, é igualmente importante reconhecer que os próprios produtos de degradação podem apresentar toxicidade ou outros riscos que devem ser avaliados. É óbvio que se um produto for desenvolvido para se decompor em substâncias que representem um risco maior para a saúde humana e para o meio ambiente, então o objetivo da química verde não foi alcançado. Assim como em qualquer outro tipo de produto ou processo de química verde, os processos de biodegradação devem incluir os efeitos sobre a saúde humana, os ecossistemas, a vida selvagem e a carga total da poluição.

4.11. As metodologias analíticas precisam ser desenvolvidas para permitir o monitoramento e o controle em tempo real durante o processo, antes da formação de substâncias perigosas

Os químicos analíticos têm caracterizado e detectado problemas ambientais desde o início do movimento ambientalista. Atualmente, uma das áreas de foco da comunidade analítica é o desenvolvimento de métodos e tecnologias que permitam a prevenção e a minimização da geração de substâncias perigosas em processos químicos.

O desenvolvimento da química analítica de processos para a química verde baseia-se na premissa de que "não se pode controlar o que não se pode medir". Para efetuar mudanças nos processos durante sua operação, é necessário ter sensores, monitoramentos e técnicas analíticas precisas e confiáveis para avaliar os perigos presentes no fluxo do processo.

Para atingir os objetivos da química verde, as técnicas analíticas que estão sendo desenvolvidas devem ser usadas durante o processo e em tempo real. Com esses recursos, um processo químico pode ser monitorado quanto à geração de subprodutos perigosos e reações laterais. Quando essas substâncias tóxicas são detectadas até mesmo nos menores níveis, podem-se ajustar os parâmetros do processo para reduzir ou eliminar a formação dessas substâncias. Se os sensores tiverem interface direta com os controles de processo, essa minimização de riscos pode muito bem ser automatizada.

Outro exemplo do uso da química analítica de processos é o monitoramento do progresso das reações para determinar sua conclusão. Em muitos casos, os processos químicos exigem a adição contínua de reagente até que a reação seja concluída. Se houver um monitoramento em tempo real durante o processo para permitir a determinação da conclusão, a necessidade de reagente adicionado em excesso pode ser evitada, o uso de substâncias potencialmente perigosas pode ser eliminado, assim como seu descarte no fluxo de resíduos.

4.12. As substâncias e a forma de uma substância usada em um processo químico devem ser escolhidas de modo a minimizar o potencial de acidentes químicos, incluindo liberações, explosões e incêndios

A importância da prevenção de acidentes na química e no setor químico não pode ser subestimada. Houve uma série de acidentes químicos notáveis que resultaram na mobilização da opinião pública para controle do uso de produtos químicos. Os acidentes em Bhopal, na Índia, e em Seveso, na Itália, entre outros, resultaram na perda de centenas de vidas humanas. Os riscos apresentados pela toxicidade, explosividade e inflamabilidade precisam ser abordados no planejamento de produtos e processos químicos. As metas da química verde devem envolver toda a gama de riscos e não se concentrar apenas na poluição ou na ecotoxicidade.

É possível aumentar o potencial de acidentes inadvertidamente e, ao mesmo tempo, minimizar a geração de resíduos na prevenção da poluição. Nos casos em que a reciclagem de um solvente de um processo pode ter vantagens do ponto de vista da prevenção da poluição e da liberação para o meio ambiente, ela também pode aumentar o potencial de um acidente químico ou incêndio. Um processo deve equilibrar o desejo de prevenção da poluição com o de prevenção de acidentes. As abordagens para o desenvolvimento de produtos químicos inerentemente mais seguros podem incluir o uso de substâncias sólidas ou com baixa pressão de vapor no lugar de líquidos voláteis ou gases que estão associados com a maioria dos acidentes químicos. Outra abordagem inclui evitar o uso de halogênios moleculares em grandes quantidades e substituí-los por reagentes que carregam halogênios que possam ser transferidos de uma forma mais inócua.

O uso da técnica *just-in-time* envolve a geração e o consumo rápido de substâncias perigosas dentro de um processo controlado. Ao empregar essa tecnologia, uma empresa química pode eliminar a necessidade de grandes estoques de substâncias perigosas que podem representar um risco significativo de acidente.

5
AVALIAÇÃO DOS EFEITOS DA QUÍMICA

5.1. Como um químico avalia um produto químico ou um processo através de seu efeito na saúde humana e no meio ambiente?

É mais fácil avaliar um produto ou processo químico em etapas em vez de tentar avaliar o sistema em sua totalidade. Certamente, com o número de parâmetros que seria necessário avaliar em cada etapa do processo, seria praticamente impossível realizar uma avaliação sistemática de um produto ou processo como um todo. Portanto, uma abordagem simples é identificar as várias partes do processo e fazer as perguntas avaliativas necessárias em cada uma dessas etapas. Como foi mencionado anteriormente, os cinco aspectos podem ser considerados da seguinte forma:

1. Materiais de partida/matérias-primas.
2. Tipos de reação.
3. Reagentes.
4. Solventes e condições de reação.
5. Produtos químicos/moléculas-alvo.

Para cada um desses aspectos, as mesmas questões precisam ser abordadas. Seja em relação a um solvente, reagente, produto etc., existem aspectos essenciais que precisam ser conhecidos para uma avaliação de química verde.

5.1.1. Toxicidade para humanos

Uma vez que as informações sobre a origem da substância foram avaliadas, devemos abordar a questão do perigo da própria substância. Conforme mencionado anteriormente, não existe risco sem perigo e, portanto, a questão do perigo é fundamental para uma avaliação de química verde. É comum que a toxicidade de uma substância para os seres humanos seja abordada separadamente da toxicidade para outras espécies no ambiente ao se realizar uma avaliação de risco. É provável que as razões para isso sejam tanto antropocêntricas quanto científicas. Cientificamente, há casos em que a toxicidade de uma substância difere muito entre as espécies e, portanto, as extrapolações não são confiáveis. Nesses casos, é aconselhável lidar com a toxicidade para os seres humanos separadamente na avaliação.

A toxicidade das substâncias para os seres humanos tem sido o foco de testes abrangentes e resultou em vários bancos de dados com grande número de informações sobre os níveis em que as substâncias produzirão um efeito tóxico em seres humanos. Esse fator, ou potência, é um marcador da preferência de uma substância em relação a outra (Figura 5.1). A natureza do efeito pode ser muito variada, desde irritação (por exemplo, na pele) até câncer. É por esse motivo que é preciso considerar não apenas a potência da substância em produzir um efeito tóxico, mas também a gravidade de seu desfecho (Figura 5.2).

Além da gravidade e da potência de um efeito, sua reversibilidade ou irreversibilidade deve ser também considerada. Em muitos casos, um efeito tóxico pode ser grave e potente e, ainda assim, ser totalmente reversível. Por outro lado, sabe-se que outras substâncias têm desfechos que não são considerados graves e que são induzidos somente em níveis muito altos de exposição, mas são totalmente irreversíveis. Portanto, a avaliação da toxicidade humana tem ainda outro parâmetro, a reversibilidade, que deve entrar no processo de avaliação (Figura 5.3).

Portanto, os três fatores que devem ser considerados na avaliação da toxicidade para humanos são a gravidade, a potência e a reversibilidade. Cada um desses fatores pode aumentar ou diminuir muito a preocupação com o perigo de uma determinada substância química.

Substância química X:

> A substância não apresenta outros perigos, exceto a cegueira em humanos. Quando expostos a níveis superiores a dez partes por bilhão, os seres humanos perderão a visão.

Substância química Y:

> A substância não apresenta outros perigos, exceto a cegueira em humanos. Quando expostos a níveis superiores a um milhão de partes por bilhão, os seres humanos perderão toda a visão.

Avaliação da química verde:

> Os produtos químicos X e Y causam o mesmo efeito tóxico: cegueira em humanos. O produto químico Y é preferível porque é cem mil vezes menos potente do que o produto químico X para causar cegueira. Se todos os outros fatores forem iguais, o produto químico Y é avaliado como sendo preferível ao produto químico X na avaliação da química verde.

Figura 5.1. Um exemplo de comparação de potência.

Substância química X:

> Essa substância possui toxicidade apenas para humanos. O único efeito tóxico que ela possui está em cem partes por milhão, a partir do qual ela age como agente lacrimogêneo. O lacrimejamento continua enquanto a pessoa estiver exposta em níveis de cem partes por milhão ou mais da substância X.

Substância química Y:

> Essa substância é tóxica apenas para humanos. O único efeito tóxico que ela possui é em níveis de cem partes por milhão, no qual ela causa danos neurológicos e no sistema nervoso central. O dano neurológico continua enquanto a pessoa estiver exposta à substância Y em níveis de cem partes por milhão ou mais.

Avaliação da química verde:

> A potência da substância química X e da substância química Y é idêntica. Como os danos neurológicos e ao sistema nervoso central são efeitos mais graves do que lacrimejamento, a substância química X seria preferível à substância química Y em um estudo de avaliação de produtos químicos verdes, quando todos os outros fatores forem iguais.

Figura 5.2. Um exemplo de comparação de gravidade.

Substância química X:

> Essa substância possui toxicidade apenas para humanos. Ela causa desconforto respiratório grave em níveis de dez partes por milhão ou mais. Todos os sintomas de desconforto respiratório desaparecem quando a substância é removida ou está presente em níveis inferiores a dez partes por milhão.

Substância química Y:

> Essa substância possui toxicidade apenas para seres humanos. Ela causa desconforto respiratório grave em níveis de dez partes por milhão ou mais. Todos os sintomas de desconforto respiratório permanecem mesmo depois que a substância é removida ou está presente em níveis menores que dez partes por milhão. Os danos ao trato respiratório são permanentes.

Avaliação da Química Verde:

> Tanto o produto químico X quanto o produto químico Y são igualmente potentes e compartilham um desfecho idêntico de gravidade. A única diferença é a reversibilidade. A substância química X é certamente preferível à substância química Y (todos os outros fatores sendo iguais) do ponto de vista da avaliação da química verde devido à reversibilidade do efeito tóxico.

Figura 5.3. Um exemplo de comparação da reversibilidade do efeito.

5.1.2. Toxicidade para a vida selvagem

Ao realizar uma avaliação de química verde, é preciso considerar os efeitos de uma substância sobre a vida selvagem e também sobre os seres humanos. A dificuldade óbvia com relação a isso é que, embora os seres humanos sejam uma espécie, a "vida selvagem" abrange um número enorme de espécies e em qualquer avaliação não poderia ser esperada a inclusão de toda essa gama de espécies. No entanto, existem fontes de dados que podem ser usadas para incorporar o efeito de uma substância química na vida selvagem em geral, por meio de extrapolações.

Devido a considerações logísticas óbvias, a grande maioria dos dados toxicológicos de várias substâncias é baseada em testes em animais. Isso fornece um banco de dados muito grande sobre como milhares de produtos químicos afetarão várias espécies em todos os tipos de desfechos tóxicos. Além desses bancos de dados empíricos, houve o desenvolvimento e o aprimoramento contínuo de técnicas conhecidas como modelos de estrutura-atividade. Esses modelos permitem a extrapolação de dados de produtos químicos que já foram testados para produtos químicos que ainda não foram testados em sistemas vivos. Isso é feito por meio de uma série de analogias em que um composto que não possui dados é vinculado a uma substância para a qual existem dados toxicológicos e com a qual está intimamente relacionado. Essa relação geralmente é estrutural, embora outros fatores, como configurações eletrônicas, volume molecular e outros parâmetros também possam desempenhar um papel importante. Conhecendo a toxicidade de um análogo estruturalmente muito próximo de uma substância, muitas vezes é possível prever a toxicidade aproximada da substância relacionada, pelo menos para identificar os desfechos de preocupação e sua potência.

Com o uso dessas fontes de dados, é possível avaliar o efeito de um produto químico na vida selvagem ou de uma determinada substância em uma espécie específica. As escolhas resultantes dessas informações podem, às vezes, ser problemáticas. O que fazer no caso em que a substância A é perigosa para uma espécie específica e a substância B é perigosa para uma espécie diferente? Isso exigiria uma avaliação de risco mais abrangente para identificar a probabilidade de a espécie em questão ser exposta à substância analisada.

Outra situação problemática é quando uma substância pode, de fato, ser benéfica para uma espécie e prejudicial para outra. Esse é o caso dos fosfatos em determinados ambientes aquáticos. Em determinadas condições, os fosfatos podem ser um nutriente para vários tipos de algas, resultando em "proliferação de algas" ou em uma superabundância de algas. Esse processo pode resultar na desoxigenação da água e é conhecido por causar um grande número de mortes a muitas espécies de peixes. Esse tipo de toxicidade indireta é outro fator a ser considerado ao avaliar o efeito sobre a vida selvagem. Mais discussões sobre a toxicidade indireta serão realizadas na seção sobre efeitos ambientais.

5.1.3. Efeitos no ambiente local

Sabe-se que o uso de determinadas substâncias causa alterações prejudiciais no meio ambiente. Embora as substâncias em si possam não apresentar toxicidade para a saúde humana ou da vida selvagem, o efeito geral das mudanças no ambiente pode ser bastante significativo. As alterações que se sabe serem causadas por produtos químicos podem variar desde os efeitos em um lago ou riacho específico até os efeitos no planeta como um todo.

Um exemplo de efeito no ambiente local é a chuva ácida. Como já é amplamente conhecido, muitos dos subprodutos dos processos de combustão, como os óxidos de nitrogênio e enxofre, são levados para fora da atmosfera e formam a precipitação ácida. Essa chuva ou nevasca ácida é conhecida por causar a morte generalizada de espécies e plantas aquáticas, especialmente em lagoas e lagos menores. Os próprios óxidos, se testados quanto à toxicidade para as espécies que são afetadas em última instância, seriam, nos mesmos casos e concentrações, considerados seguros para esses desfechos. É a toxicidade indireta causada pelas mudanças no ambiente que é responsável pelas mortes da flora e da fauna. Esse exemplo ilustra por que é preciso considerar todas as mudanças no ambiente local onde uma substância está sendo usada para caracterizar completamente o perigo que ela pode representar.

Um segundo exemplo de mudanças no ambiente local é o acúmulo de ozônio atmosférico. Certas substâncias, como os hidrocarbonetos, podem desencadear a formação de ozônio na atmosfera, comumente conhecido como *smog*. Esse ozônio pode causar problemas respiratórios em populações sensíveis, além de deteriorar a visibilidade e a qualidade de vida em geral. Novamente, se os hidrocarbonetos fossem testados quanto a esses desfechos, os resultados seriam negativos porque são as consequências indiretas dos hidrocarbonetos na atmosfera e a mudança resultante no ambiente local que causam os efeitos adversos.

5.1.4. Efeitos ambientais globais

Os efeitos ambientais de determinadas substâncias podem afetar todo o planeta e todos os seres vivos nele existentes. Qualquer avaliação de química verde deve incorporar os efeitos ambientais globais para que a caracterização seja a mais completa possível. Dois dos efeitos globais mais conhecidos, que resultam do uso e da geração de determinadas substâncias, são a mudança climática global e a destruição da camada de ozônio estratosférico.

A mudança climática global, também conhecida como efeito estufa ou aquecimento global, resulta da geração de dióxido de carbono e outros gases na atmosfera. À medida que a concentração desses chamados "gases de efeito estufa" aumenta na atmosfera, a temperatura global aumenta e, se a concentração desses gases baixar, a temperatura global diminui. Esse é um fenômeno natural que vem ocorrendo ao longo do tempo geológico. Com o aumento da geração de dióxido de carbono de fontes antropogênicas, como a combustão de combustíveis fósseis, há aumento do dióxido de carbono na atmosfera, resultando em um aumento da temperatura média do planeta. Esse aumento pode ser catastrófico se não for controlado. Novamente, o dióxido de carbono é considerado inócuo para todas as espécies e é obviamente necessário para a vida vegetal, mas os efeitos indiretos que podem resultar do acúmulo de CO_2 na atmosfera podem ser muito significativos.

A destruição do ozônio estratosférico tem sido motivo de grande preocupação e o Prêmio Nobel de Química de 1995 foi concedido pela elucidação desse problema. No centro dessa questão está uma classe de substâncias, os clorofluorcarbonos ou CFCs, que estão envolvidos na redução dos níveis de ozônio na estratosfera. Como a camada de ozônio protege a Terra de muitos dos raios nocivos do sol, essa redução do ozônio pode resultar em efeitos tóxicos, como câncer de pele e outras doenças. Os CFCs, quando introduzidos na primeira metade do século XX, foram exaltados por suas propriedades superiores de refrigeração aliadas a uma toxicidade extremamente baixa para os seres humanos. Foi somente décadas depois que as propriedades de destruição da camada de ozônio dos CFCs foram caracterizadas.

Esse exemplo ilustra mais uma vez que, embora uma substância, nesse caso os CFCs, possa não ser diretamente tóxica para os seres humanos ou para a vida selvagem, seu efeito no ambiente global pode resultar em riscos indiretos para toda a vida no planeta. Um ponto adicional, ilustrado pelo caso da destruição do ozônio estratosférico, é que o conhecimento dos efeitos de uma substância química pode mudar muito com o tempo. Uma avaliação de química verde é igual a qualquer outro exercício de avaliação e só se pode esperar que ela use os melhores dados disponíveis. Embora um cientista não possa prever como o aumento do conhecimento futuro poderá mudar a compreensão atual dos efeitos de determinadas substâncias, ele pode incorporar o melhor conhecimento atual disponível no processo de tomada de decisão. Historicamente, a decisão de usar um determinado produto químico em vez de uma alternativa nunca levou em consideração os efeitos sobre o planeta, o meio ambiente local, a saúde humana ou a vida selvagem, e, portanto, esse é definitivamente um passo na direção certa.

6
Avaliação de matérias-primas e materiais de partida

Um dos maiores efeitos que a fabricação, o processamento e o uso de uma substância química tem pode ser determinado a partir de seu material de partida. Se o material de partida, ou matéria-prima a partir da qual o produto químico é fabricado, tiver um efeito ambiental negativo, é muito provável que o efeito geral da própria substância química seja negativo. É por esse motivo que a avaliação da matéria-prima ou do material de partida é fundamental ao realizar uma avaliação de química verde de um produto ou processo químico.

A magnitude do efeito da matéria-prima no perfil geral do produto químico depende de vários parâmetros, incluindo a complexidade e a duração do processo. Se a preparação do produto químico for uma conversão catalítica de uma etapa para um bloco de construção petroquímico, o perfil ambiental do material de partida é de suma importância. Se o produto final for um produto farmacêutico fabricado por meio de uma rota sintética de doze etapas com processamento e purificação complexos, a importância do material de partida pode ser um pouco reduzida. Em qualquer um desses casos, o perfil do material de partida é a primeira etapa na avaliação da química verde do produto ou processo químico.

6.1. Origens da matéria-prima/materiais de partida

A primeira pergunta é: "Qual é a origem da matéria-prima/material de partida em questão?". Ela é extraída, refinada, sintetizada, destilada etc.? Quais são as consequências das origens da substância? Um produto químico que se origina do aproveitamento de um resíduo inútil que precisaria ser descartado pode muito bem ter vantagens ambientais distintas em seu uso. Um produto químico originado de um processo que esgota um recurso natural limitado ou resulta em danos ambientais irreversíveis pode ter efeitos muito negativos sobre o meio ambiente. Ambas as situações podem ser verdadeiras, independentemente de a substância em questão ser prejudicial ou inócua. É por esse motivo que é preciso primeiro fazer a pergunta: como essa substância se originou?

6.2. Um recurso renovável ou não renovável

As informações decorrentes da pergunta sobre qual é a origem da matéria-prima ou do material de partida podem ser usadas para responder uma segunda pergunta na avaliação da química verde: "A matéria-prima é renovável ou está esgotando um recurso limitado?". Poderíamos argumentar que todas as substâncias são renováveis, desde que tenham um período de tempo longo o bastante. Para fins de avaliação da química verde, a distinção entre não renovável e renovável deve ser colocada no contexto de um período de tempo da experiência humana, como a média de vida humana, e não no tempo geológico. Dessa forma, é razoável considerar que o petróleo e outras matérias-primas baseadas em combustíveis fósseis estão se esgotando e que as matérias-primas baseadas em biomassa e resíduos agrícolas são renováveis. É possível que a mesma matéria-prima seja proveniente de uma fonte renovável ou não renovável, dependendo de sua origem. No caso em que o dióxido de carbono é usado como um bloco de construção de fonte de carbono, pode-se argumentar que, se o CO_2 for produzido a partir da queima de combustíveis fósseis, ele será considerado não renovável, ao passo que, se for gerado a partir da combustão de biomassa, poderá ser considerado renovável. Em muitos casos, esse argumento é discutível, pois o dióxido de carbono geralmente é produzido a partir de depósitos minerais de carbonato.

Na análise das matérias-primas, seria preferível ter um abastecimento sustentável, não apenas para as gerações atuais, mas também para a posteridade. Esse fator de esgotamento de recursos é preocupante não apenas por razões ambientais, mas também por razões econômicas, pois um recurso esgotado certamente aumentará os custos de fabricação e o preço de compra dos produtos que estão sendo produzidos. Portanto, um material de partida renovável seria preferível a um que esgota os recursos naturais da Terra, se todos os outros fatores forem iguais.

6.3. Matéria-prima perigosa ou inócua

Uma questão importante que estará no centro de cada etapa de uma avaliação de química verde é a consideração do risco intrínseco à saúde humana e ao meio ambiente. Uma matéria-prima deve ser avaliada para determinar se possui toxicidade crônica, carcinogenicidade, ecotoxicidade etc. É a matéria-prima que terá de ser produzida, geralmente em grandes quantidades, para fabricar um produto químico. É a matéria-prima que precisará ser manuseada pelos trabalhadores, também em grandes quantidades, durante todo o processo. Se esse material de partida apresentar um risco significativo à saúde humana e ao meio ambiente, seu efeito será sentido durante todo o ciclo de vida do produto químico.

6.4. Implicações subsequentes à escolha da matéria-prima

A decisão sobre a matéria-prima a ser usada na fabricação de um produto químico tem implicações muito além daquelas diretamente atribuíveis ao próprio material de partida. Se a escolha da matéria-prima exigir que uma substância extremamente tóxica seja reagente para concluir a transformação na próxima etapa da rota sintética, então foi a escolha da matéria-prima que causou indiretamente um impacto ambiental negativo ainda maior do que o esperado em uma primeira análise. Pode ser verdade que uma matéria-prima inócua e renovável, cujas origens não causaram danos ambientais, ainda possa causar danos à saúde humana e ao meio ambiente por causa das substâncias que são necessárias após sua utilização. Portanto, é essencial, como sempre, ao conduzir uma análise de química verde, não apenas se focar nas substâncias que estão sendo analisadas em qualquer parte específica da avaliação, mas também considerar as implicações e consequências indiretas do uso desses materiais.

7
Avaliação dos tipos de reação

Ao considerar um procedimento sintético, é útil identificar o tipo geral de transformação que está sendo empregado. Muitas vezes, várias estratégias construtivas baseadas em rotas bem conhecidas e bem documentadas estão disponíveis. O químico sintético é treinado para identificar essas rotas. Uma pesquisa minuciosa na literatura da enorme coleção de livros de química, periódicos e outras publicações revelará todos os relatos anteriores de um determinado processo sintético ou, pelo menos, fornecerá informações sobre sistemas semelhantes que foram investigados no passado. Se a transformação específica não tiver precedentes, o químico sintético se baseará em sua própria engenhosidade, experiência e conhecimento dos princípios básicos de quais transformações são teoricamente possíveis para desenvolver ou criar um novo caminho que leve ao material-alvo desejado. As informações disponíveis para o pesquisador, em combinação com suas próprias habilidades químicas, darão uma ideia da provável eficiência de uma sequência sintética. Uma compreensão fundamental dos mecanismos da química orgânica permite que o químico praticante preveja a especificidade de um processo de reação e, assim, especule e, em alguns casos, preveja, o sucesso relativo de uma determinada rota sintética.

7.1. Quais são os diferentes tipos gerais de transformação química?

Como o sucesso de uma determinada transformação tem sido historicamente caracterizado pela quantidade total de material transformado em produto desejado a partir de reagentes ou material de partida, a maior parte, senão toda a literatura química e treinamento educacional de um químico sintético é dedicada ao reconhecimento e avaliação crítica do rendimento e especificidade de um produto em uma sequência sintética. Esta seção fornece alguns exemplos ilustrativos de como é possível aprimorar o processo de avaliação de um determinado esquema sintético além dessas medidas tradicionais para prever algumas consequências ambientais e usar essas informações para desenvolver alternativas de química verde.

Os vários processos reativos disponíveis para o químico sintético podem ser categorizados de várias maneiras diferentes. Alguns esquemas de categorização classificam os procedimentos sintéticos de acordo com os grupos funcionais (sequências atômicas específicas dentro de uma molécula) que estão sendo construídos ou manipulados. Outros esquemas se concentram no número de átomos que estão sendo transformados durante a transformação sintética específica. Para avaliar quais estratégias podem ser consideradas mais benignas para o meio ambiente, é útil identificar o tipo geral de reação que está ocorrendo na sequência específica. Dessa forma, as transformações podem ser vistas como reações de adição, reações de substituição, reações de eliminação, reações pericíclicas e reações de oxidação/redução. É importante ressaltar que esse esquema de classificação é um tanto arbitrário. A intenção aqui é apresentar uma abordagem ilustrativa de como se avalia uma síntese com relação às suas consequências ambientais. O desejado não é criar uma listagem completa de todos os tipos de reação. Como ficará óbvio na discussão a seguir, as generalizações podem ser limitadas em sua utilidade. Embora cada tipo de reação seja representativamente semelhante, a natureza precisa do material de partida específico e dos subprodutos será de suma importância ao avaliar os aspectos ambientais de uma determinada sequência sintética.

7.1.1. Rearranjos

As reações de rearranjo, como o nome indica, são classes de reações em que os átomos que compõem uma molécula mudam sua orientação em relação uns aos outros, sua conectividade, seu padrão de ligação etc. para produzir uma nova molécula. Essas reações de rearranjo podem ser efetuadas por meio de várias metodologias, incluindo indução térmica, fotoquímica e química. Uma característica principal dessa classe de reação, do ponto de vista da análise da química verde, é que a matéria-prima, ou material de partida, e o produto final, ou molécula-alvo, contenham ambos os mesmos átomos. Portanto, não há resíduos intrínsecos gerados necessariamente por uma reação de rearranjo. A partir de uma análise intrínseca, uma reação de rearranjo é totalmente econômica em termos de átomos e totalmente eficiente. Tal como acontece com todos os tipos de reação, a eficiência específica da realização efetiva de um rearranjo, por exemplo, "qual é a taxa de conversão em produto? Existem reações secundárias? Que energia é necessária?", tem de ser avaliada numa base empírica.

7.1.2. Reações de adição

As reações de adição, conforme ilustrado na Figura 7.1, são de ampla utilidade. Neste esquema sintético geral, um substrato com ligações múltiplas ou insaturado é tratado com um reagente reativo. A adição heterolítica ou homolítica aos terminais da molécula insaturada dá origem a um produto que incorpora novas funcionalidades. A adição de bromo a uma olefina, de brometo de etilmagnésio a uma carbonila ou de cianeto de hidrogênio a um composto carbonílico α,β-insaturado são exemplos de reações de adição (Figura 7.2).

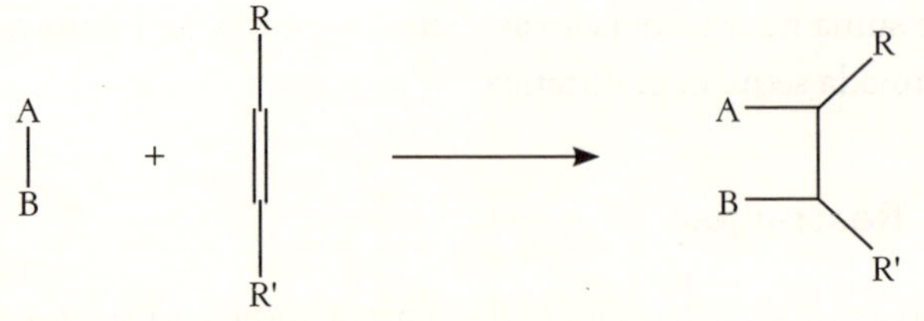

Figura 7.1. Representação esquemática de uma reação de adição.

Esses esquemas representam reações químicas que são autônomas. Repare que todos os reagentes são consumidos durante as etapas de reação. Existe uma quantidade equimolar de espécies na reação que dá origem a uma única quantidade molar de produto. Não são gerados subprodutos adicionais. A eficiência desse tipo de reação pode ser bastante elevada, desde que ambos os componentes adicionados sejam desejados no produto final. Como é frequentemente o caso com qualquer estratégia sintética, pode ser necessária uma manipulação adicional das funcionalidades adicionadas. Quando a regioespecificidade e a quimioespecificidade permitem um rendimento razoavelmente elevado, essa pode ser uma excelente estratégia. A remoção, a contenção, a reciclagem ou o descarte de qualquer subproduto planejado não são necessários, pois não são produzidos subprodutos.

É claro que pode ser necessário lidar com subprodutos não planejados, que se formam durante o processo por meio de reações paralelas incontroláveis. Esses subprodutos de reações secundárias levam à falta de especificidade e rendimento. O desenvolvimento e a engenharia de reatores dispendiosos seriam, portanto, necessários para minimizar essa ineficiência e, conforme descrito anteriormente, é a base de grande parte da literatura química sobre reações de adição.

Muitas reações químicas, até certo ponto, geram subprodutos não planejados. Esquemas de purificação, como recristalização, destilação, cromatografia ou outros processos, geralmente precisam ser empregados. A chave para o planejamento de química verde é minimizar a necessidade dessas técnicas. A vantagem de uma reação de adição é que nenhum subproduto planejado é gerado.

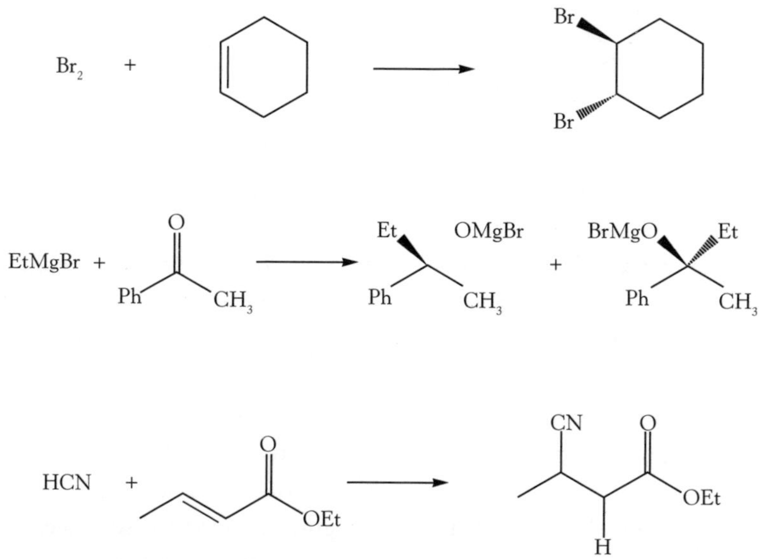

Figura 7.2. Exemplos de reações de adição.

7.1.3. Reações de substituição

As reações de substituição envolvem a modificação de um substrato pela substituição de um grupo funcional por outro (Figura 7.3). As reações SN1 e SN2, conhecidas classicamente, são exemplos simples dessa estratégia (Figura 7.4). Nesses casos, os reagentes nucleofílicos deslocam um grupo de saída em um átomo de carbono alifático. O novo produto incorpora o nucleófilo, e o grupo de saída é removido.

$$A\text{—}B \quad + \quad C\text{—}D \quad \longrightarrow \quad A\text{—}C \quad + \quad B\text{—}D$$

Figura 7.3. Representação esquemática de uma reação de substituição.

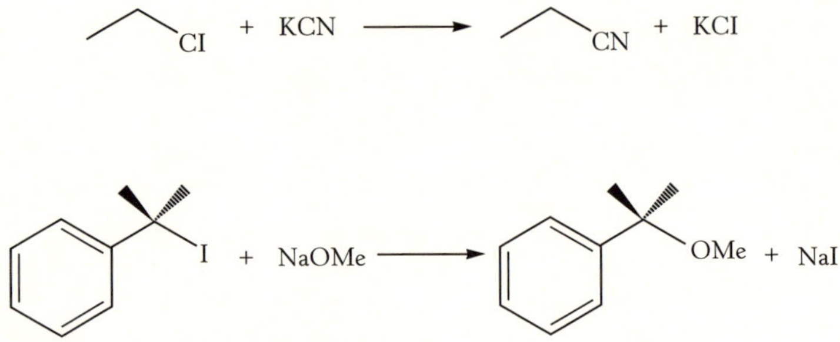

Figura 7.4. Exemplos de reações de substituição SN1 e SN2.

Na maioria dos casos, essas sínteses se concentram no reagente que está sofrendo o ataque nucleofílico como no produto desejado. Deve-se ressaltar que existem exemplos em que, na verdade, o grupo de saída é o produto desejado. Várias estratégias sintéticas que incorporam grupos de proteção podem ser usadas para isolar o próprio grupo de saída como o composto de interesse. A desmetilação por iodeto de potássio de um éster metílico de ácido carboxílico para formação do sal de carboxilato livre (Figura 7.5) ilustra esse conceito.

Reações mais complicadas, muitas vezes envolvendo substratos insaturados, combinam reações de adição e eliminação (em ambas as ordens sequenciais lineares possíveis) para realizar reações de substituição. As reações de substituição aromática eletrofílica e de eliminação/adição são representativas desses tipos de transformações (Figura 7.6).

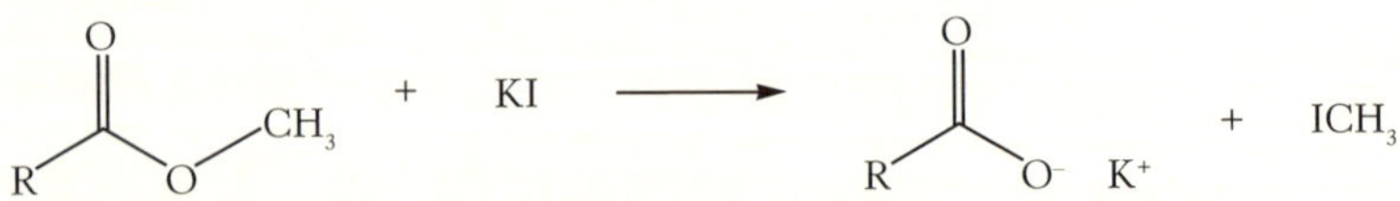

Figura 7.5. Uso de um grupo protetor para isolar o grupo de saída.

Obviamente, as propriedades do ambiente químico e a natureza do grupo de saída gerado determinarão a adequação dessa metodologia. Haletos, ésteres, álcoois e derivados inorgânicos que servem para ativar o grupo de saída podem ser usados tendo em vista as consequências relacionadas ao perigo. Se for possível desenvolver

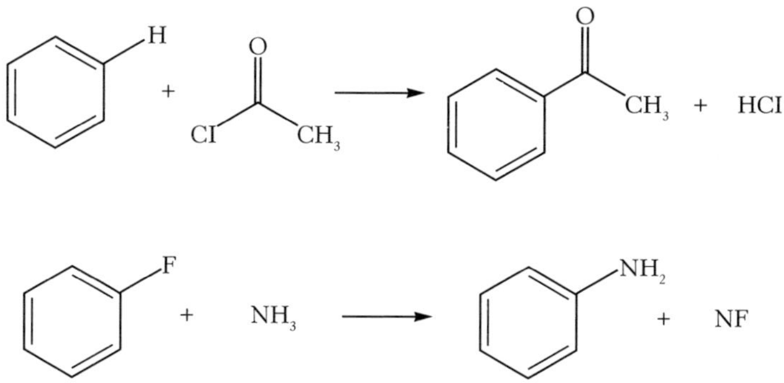

Figura 7.6. Reações de substituição eletrofílica aromática e de eliminação/adição.

uma sequência de reação de substituição em que o grupo de saída tenha sido cuidadosamente selecionado, esse caminho pode ser conveniente e eficiente. A distinção infeliz desse tipo de reação é que a geração do subproduto sintético é inevitável e uma consequência direta do planejamento sintético. Do ponto de vista termodinâmico, geralmente não há relação entrópica desfavorável para essas reações. O número de espécies reagentes é igual ao número de espécies produzidas. Ao considerar as consequências de engenharia das condições de grande porte/escala, essa condição entrópica pode ser importante.

Como existe um subproduto planejado dessa sequência de reação, as acomodações para o composto extra produzido devem ser criadas. Os esforços que envolvem a contenção, a reciclagem e a redistribuição de reagentes, além da investigação geral na área da ecologia industrial, tentaram compensar grande parte dos pontos negativos das reações que geram subprodutos. Quando não é possível evitar a produção inerente de resíduos, o químico sintético tem à sua disposição essas vias de compensação para minimizar as perdas inerentes à geração de subprodutos.

Uma consideração adicional para essa estratégia de reação é a necessidade de um catalisador. Embora nem sempre necessários, os ácidos ou as bases de Lewis são incorporados no processo de síntese para acelerar as velocidades de uma reação ou para direcionar uma quimioespecificidade, uma regioespecificidade ou, em alguns casos, uma estereoespecificidade. O efeito desses reagentes, quando utilizados, não deve ser negligenciado. Se o reagente auxiliar for utilizado em quantidades subesteoquiométricas, o efeito pode ser atenuado, mas deve ser levado em conta na análise final. A utilização de reagentes catalíticos é abordada mais adiante em mais detalhe.

7.1.4. Reações de eliminação

As reações de eliminação são vias importantes para gerar insaturações nas moléculas (Figura 7. 7). Esquematicamente, uma reação de eliminação é o inverso de uma reação de adição. O esquema de eliminação segue geralmente a dissociação heterolítica ou homolítica de componentes moleculares em átomos adjacentes, aumentando a ordem de ligação entre esses átomos. A desidratação de um álcool para produzir uma olefina e a perda de um álcool de um hemiacetal para produzir um aldeído são exemplos de reações de eliminação (Figura 7.8).

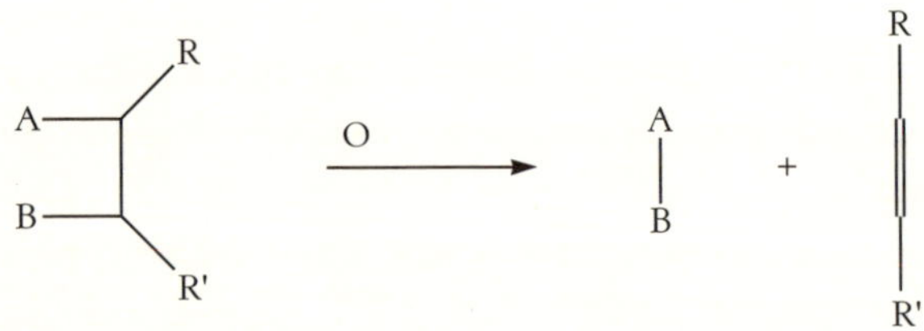

Figura 7.7. Representação esquemática de uma reação de eliminação.

Assim como nas reações de substituição, as eliminações envolvem necessariamente a produção de um grupo de saída, exceto em alguns casos em que o grupo de saída está ligado intramolecularmente (Figura 7.9). A aplicabilidade geral desse tipo de rearranjo molecular é necessariamente limitada porque o posicionamento estratégico de dois grupos funcionais é necessário para uma operação bem-sucedida. No entanto, se essa estratégia puder ser incorporada em um desenvolvimento sintético, os benefícios são óbvios.

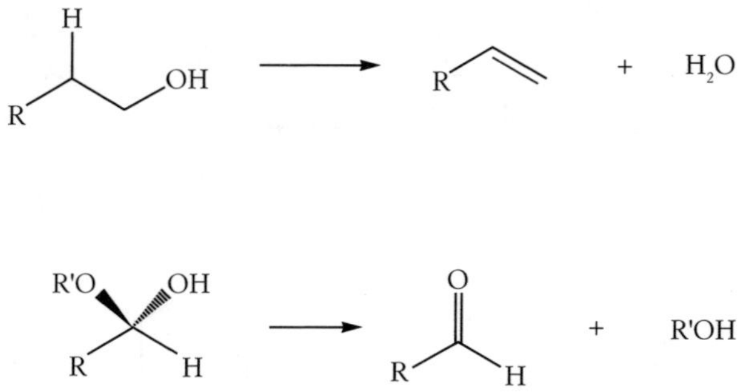

Figura 7.8. Exemplos de reações de eliminação.

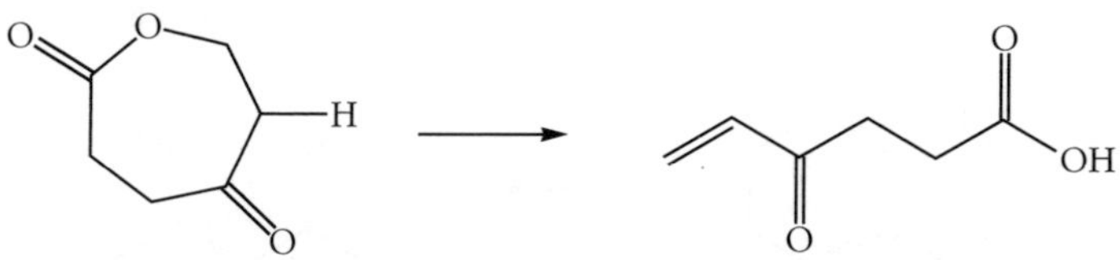

Figura 7.9. Um exemplo de reação de eliminação em que o grupo de saída está ligado intramolecularmente, resultando em um rearranjo molecular.

Como no caso das reações de substituição, quando um grupo de saída é produzido como consequência do desenvolvimento da reação, as implicações ambientais da espécie de saída devem ser avaliadas e controladas. O composto-alvo desejado, embora geralmente seja a espécie que sofre a perda do subproduto molecular, às vezes pode ser o próprio grupo de saída.

7.1.5. Reações pericíclicas

As reações pericíclicas são estratégias sintéticas regidas por orbitais moleculares de fronteira. Conforme descrito originalmente por Woodward e Hoffman, esses procedimentos fornecem ao químico sintético uma gama diversificada de rotas de reação. As reações de Diels-Alder, as cicloadições 1,3-dipolares e os rearranjos [3,3']-sigmatrópicos são reações pericíclicas representativas de formação de ligações (Figura 7.10).

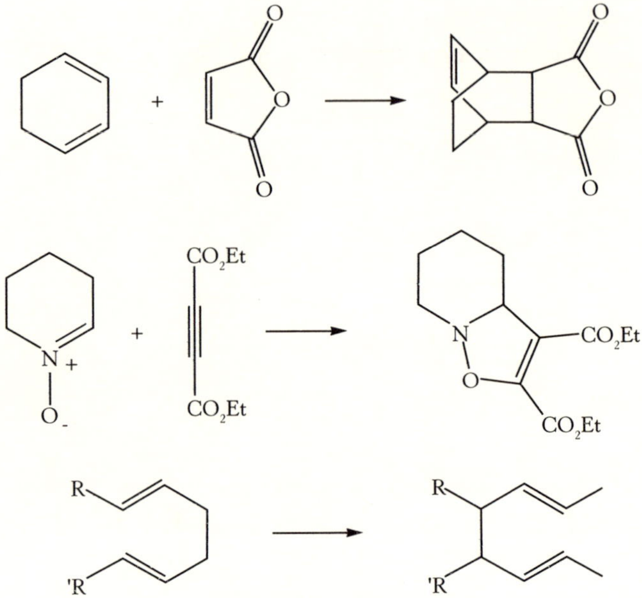

Figura 7.10. Exemplos de reações pericíclicas.

Existem esquemas em que as estratégias são executadas em modo inverso, em que, ao invés de se construir a molécula-alvo através da montagem de ligações covalentes, a molécula desejada é criada pela desmontagem de uma espécie reativa em seus componentes moleculares. Analogamente às reações de adição *versus* reações de eliminação, as reações pericíclicas de formação de ligações são frequentemente mais fáceis de implementar no contexto ambiental do que as reações pericíclicas de quebra de ligações. O controle do subproduto produzido permite, no entanto, a utilização dessas estratégias.

Da mesma forma que algumas reações de substituição envolvem uma combinação de processos de adição e eliminação no âmbito da concepção sintética, estão disponíveis combinações de etapas de formação e quebra de ligações pericíclicas. A reação de Diels-Alder de um acetileno com uma 1,2,4-triazina ilustra esse conceito (Figura 7.11). Nessa reação, o acetileno primeiro forma o aduto de

Diels-Alder com a triazina. Em seguida, o intermediário entra em colapso com a perda de nitrogênio elementar para geração de uma nova molécula de piridina.

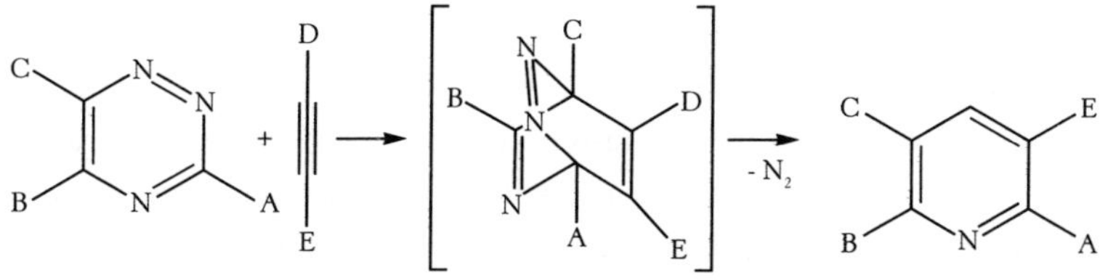

Figura 7.11. Uma reação de Diels-Alder que ilustra a formação e quebra de ligações por meio de reações pericíclicas.

7.1.6. Reações de oxidação/redução

O controle e a manipulação do estado de oxidação de uma espécie molecular podem ser obtidos tanto química quanto eletroquimicamente. A oxidação do metano em metanol, do metanol em formaldeído, do formaldeído em ácido fórmico e do ácido fórmico em dióxido de carbono é uma sequência de oxidação representativa (Figura 7.12). A sequência inversa: dióxido de carbono para ácido fórmico, ácido fórmico para formaldeído, formaldeído para metanol e metanol para metano, é a série redutora correspondente. A oxidação do etano a etileno, do etileno a acetileno e a sequência reversa correspondente é outra sequência representativa de oxidação/redução (Figura 7.13).

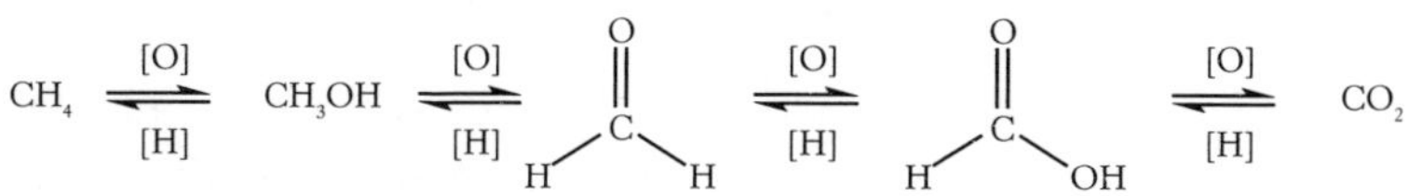

Figura 7.12. Exemplo de uma reação de oxidação/redução.

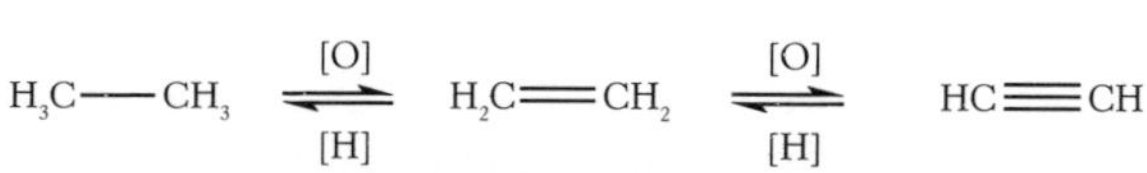

Figura 7.13. Exemplo de uma reação de oxidação/redução.

A oxidação/redução química ocorre quando uma molécula "mensageira" funciona para transportar o elétron aceito ou retirado da molécula que está sendo reduzida ou oxidada. A oxidação/redução eletroquímica envolve a administração direta de corrente elétrica para efetuar a remoção (oxidação) ou adição (redução) de elétrons para ou da molécula-alvo.

Embora certamente existam compensações, uma comparação entre esses dois métodos leva a considerar as reações eletroquímicas como sendo mais benignas para o meio ambiente. Entretanto, muitos reagentes redox usados em quantidades estequiométricas são inerentemente tóxicos e seu uso deve ser cuidadosamente monitorado e controlado. Infelizmente, reagentes alternativos e benignos não estão amplamente disponíveis para realização da oxidação/redução química.

7.2. Qual é a natureza intrínseca dos vários tipos de reação?

Depois de caracterizar o tipo de reação geral de uma determinada rota sintética como uma reação de adição, substituição, eliminação, pericíclica ou de oxidação/redução, é necessário realizar uma avaliação mais profunda das transformações químicas específicas. Questões sobre reagentes auxiliares, geração de resíduos, consumo de massa e economia de átomos precisam ser abordadas.

7.2.1. Elas exigem produtos químicos adicionais?

Obviamente, uma reação de substituição exigirá tanto a molécula funcional que está sendo adicionada quanto a molécula que está sofrendo a substituição. Além do perfil de reação fundamental, a questão dos reagentes auxiliares deve ser abordada. A catálise química é frequentemente empregada como um método para acelerar a velocidade de uma reação. Ao combinar-se com um ou mais reagentes ou intermediários, um catalisador fornece um caminho para formação de produtos com menor energia de ativação, tornando o estado de transição mais acessível em termos energéticos. Esses catalisadores de estado de transição podem ser aplicados em uma quantidade estequiométrica (em quantidades molares iguais às espécies reagentes) ou em quantidades subestequiométricas. Quando menos do que equivalentes molares de catalisador são usados, quantidades ligeiramente ou várias ordens de magnitude menores do que as espécies reagentes podem ser usadas. A quantidade específica de catalisadores usados geralmente é estabelecida empiricamente pela engenharia de processos e planejamento da reação.

Após a determinação da estequiometria de um reagente auxiliar, a avaliação de seus efeitos ambientais pode ser mais bem estimada. Se o reagente auxiliar estiver sendo usado em quantidades molares equivalentes, ele deverá ser tratado de forma diferente do que se estiver sendo usado em quantidades muito menores. Outras generalizações não são geralmente úteis. A natureza e a toxicologia dos reagentes auxiliares específicos que estão sendo usados ditarão as implicações ambientais dessas estratégias sintéticas. Em alguns casos, uma classificação ficará óbvia ao comparar duas sequências sintéticas alternativas. O uso estequiométrico de um reagente particularmente tóxico certamente será menos desejável do que o uso subestequiométrico de um catalisador ambientalmente benigno. No entanto, muitas vezes a escolha não é tão direta. A alternativa subestequiométrica pode ser mais tóxica do que a via estequiométrica. Nesse caso, é preciso considerar o equilíbrio entre toxicidade e quantidade.

7.2.2. Elas necessariamente geram resíduos?

Ao desenvolver uma sequência sintética, é útil avaliar o material que está sendo gerado. É provável que a maior parte do produto da reação seja o composto que está sendo sintetizado. No entanto, há outros subprodutos que serão inevitavelmente produzidos. Nossas discussões anteriores se referiram a esses subprodutos como planejados ou não planejados. Essa formulação talvez seja um pouco obscura. Não deveria haver subprodutos inesperados! Na descrição estequiométrica de uma reação química, alguns materiais são produzidos como consequência fundamental de uma reação. As reações de substituição e as reações de eliminação são exemplos disso. Os processos de quebra de ligação na sequência de etapas reacionais dão origem a mais de um produto. Em uma reação de metátese típica (Figura 7.14), um dos materiais do produto será o composto desejado e o outro pode não ser necessário. Em geral, esses produtos da reação têm propriedades físicas muito diferentes e são facilmente separáveis.

$$A + B \longrightarrow C + D$$

Figura 7.14. Representação de uma reação de metátese.

Em muitas reações, também é necessário prever e lidar com os produtos das reações paralelas. Muitas vezes, o perfil de reação termodinâmica de uma transformação sintética permite caminhos por mecanismos alternativos. Essas reações secundárias podem gerar tanto produtos com propriedades físicas significativamente diferentes como produtos com propriedades físicas muito semelhantes às dos produtos desejados. Nesses casos, é necessário desenvolver processos de purificação complexos para isolar o composto desejado.

Do ponto de vista econômico e ambiental, os processos complexos de purificação devem ser reduzidos ao mínimo. Existem muitas técnicas de purificação, incluindo recristalização, precipitação, destilação, fracionamento e cromatografia. Em cada uma dessas técnicas, os custos de mão de obra podem se tornar bastante altos. Quando se considera o uso adicional de solventes, reagentes, energia e equipamentos, torna-se óbvio que essas consequências devem ser abordadas logo no início do planejamento sintético. Na revisão de longas rotas sintéticas para moléculas-alvo, pode-se observar que algumas rotas utilizam várias oxidações e reduções iterativas, movendo-se repetidamente para a frente e para trás entre os estados de oxidação. Esse processo ineficiente deve ser minimizado sempre que possível e o estado de oxidação deve ser mantido, quando viável, para evitar a química redox desnecessária.

8
AVALIAÇÃO DE MÉTODOS PARA O DESENVOLVIMENTO DE PRODUTOS QUÍMICOS SEGUROS

Os métodos para o desenvolvimento de produtos químicos mais seguros baseiam-se em uma análise de como a estrutura molecular funciona para desempenhar sua função, em comparação com sua capacidade de causar danos à saúde humana e ao meio ambiente. É por meio da manipulação da estrutura, de modo que a eficácia da função seja maximizada e o perigo intrínseco de uma substância seja minimizado, que se obtém o desenvolvimento de um produto químico mais seguro. Há um ditado comum entre os projetistas de tudo, de automóveis a móveis e eletrodomésticos: "a forma segue a função". Essa afirmação é tão verdadeira em nível molecular quanto em nível macro.

A questão, portanto, é: qual é a função que se deseja realizar? Essa era uma pergunta simples antes da época em que a sociedade tomou conhecimento das consequências imprevistas de alguns produtos químicos. Se alguém quisesse criar um determinado tom de corante vermelho, então uma estrutura molecular poderia ser e foi criada para produzir esse corante vermelho. Se alguém quisesse criar um pesticida eficaz, então uma estrutura molecular poderia ser gerada para cumprir essa função, e assim por diante. O problema, como o conhecemos agora, não é o fato de a solução estar incorreta, mas sim o fato de a pergunta estar incorreta e/ou incompleta.

A verdadeira pergunta é, portanto, "como faço para criar um corante vermelho que não cause câncer?" e "como faço para criar um pesticida eficaz que não cause danos ambientais a pássaros e outros animais selvagens?". É por meio dessa consideração e definição ampliadas da função que se está tentando colocar em prática que é possível desenvolver produtos químicos mais seguros. Como parte do projeto de qualquer produto químico, deve ser incluída a disposição de que ele não prejudique a saúde humana e o meio ambiente.

Uma vez que a função desejada é decidida e correlacionada a uma estrutura molecular, pode-se então fazer esforços para ajustar e modificar a estrutura molecular para mitigar qualquer toxicidade potencial ou outro perigo. Há várias maneiras básicas de se conseguir isso:

1. analisando o mecanismo de ação;
2. relações estrutura-atividade;
3. evitando grupos funcionais tóxicos;
4. minimizando a biodisponibilidade;
5. minimizando o uso de substâncias auxiliares.

Essas diferentes técnicas podem ser utilizadas dependendo de vários fatores, inclusive:

1. Qual é a quantidade de informações que você tem sobre a maneira como a substância age como tóxica?
2. Quais características são conhecidas sobre a substância, como propriedades físicas/químicas?
3. Que informações existem sobre compostos relacionados da mesma classe química ou de classes químicas análogas?

Quanto mais se sabe sobre as especificidades de como uma substância química apresenta sua toxicidade, mais opções estão disponíveis para desenvolver um produto químico mais seguro. À medida que essas informações se tornam menos detalhadas e menos específicas, mais o projetista molecular é forçado a saber o que não fazer em vez do que fazer para garantir o desempenho com o mínimo de risco.

8.1. Análise do mecanismo de ação

Embora existam substâncias químicas que são totalmente inertes em sistemas biológicos, como o corpo ou o meio ambiente, a grande maioria dos compostos químicos apresenta algum tipo de atividade biológica. Certamente isso inclui todos os alimentos, nutrientes, vitaminas e a infinidade de outros produtos químicos benéficos que tornam a vida possível. Há também um subconjunto de produtos químicos que são motivo de preocupação pelos efeitos tóxicos que podem causar quando introduzidos no corpo ou em um ecossistema. Cada substância tem um mecanismo pelo qual ela produz os efeitos indesejáveis e, quanto mais se consegue entendê-lo, mais se sabe como desenvolver o produto químico para que esse mecanismo seja evitado ou minimizado.

Uma substância pode causar o desfecho resultante por meio de toxicidade direta ou indireta. No caso da toxicidade direta, é a própria substância química que está reagindo para causar o efeito final indesejável, enquanto, na toxicidade indireta, é um metabólito ou derivado da substância original que é responsável pela interação prejudicial com o corpo. É como resultado dos recentes avanços na farmacologia, em que as etapas específicas que levam a um efeito tóxico foram elucidadas, que o caminho da reação à toxicidade se tornou conhecido e pode ser evitado.

Depois que o mecanismo é elucidado, o químico que cria a molécula tem várias opções disponíveis para tornar o produto químico intrinsecamente menos perigoso. A estrutura da molécula pode ser alterada de modo que o mecanismo de ação não seja mais possível, conforme ilustrado no exemplo a seguir.

Sabe-se que a nitrila resulta em toxicidade em um sistema biológico por causa da liberação de cianeto no corpo, que resulta na bem documentada toxicidade aguda do cianeto (Figura 8.1). Foi demonstrado que o mecanismo de ação de uma nitrila inclui a formação inicial de um radical na posição α ao grupo ciano. Após a formação desse radical, o cianeto é então clivado da molécula, resultando no efeito tóxico (Figura 8.2). Se a posição α for impedida de formar um radical com a adição de substituintes, por exemplo, grupos metila, o mecanismo de toxicidade não poderá ser seguido e a substância praticamente não será tóxica (Figura 8.3). Isso é confirmado pelos dados sobre nitrilas, que demonstram uma correlação direta entre a toxicidade de uma nitrila e sua capacidade de formar e estabilizar o radical na posição α.

$$R{=}CH_2{-}CN \longrightarrow \text{"}R{-}CH_2\text{"} + \text{"}CN\text{"}$$

Figura 8.1. Liberação de cianeto de uma nitrila.

Figura 8.2. Formação de um radical a partir de uma nitrila.

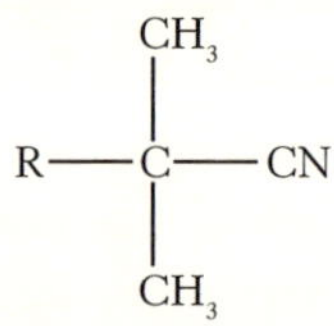

Figura 8.3. O bloqueio da formação do radical livre com o uso de tais substituintes impede a liberação de cianeto.

Esse exemplo ilustra a capacidade de atenuar a toxicidade por meio de alterações estruturais que reduzem o mecanismo de ação tóxica sem sacrificar a eficácia da função da molécula.

8.2. Relações estrutura-atividade

As relações estrutura-atividade (SAR, do inglês *structure-activity relationships*) também se baseiam em uma correlação entre a arquitetura molecular de um composto e sua atividade. Para fins desta discussão, vamos nos concentrar na "atividade" no corpo ou no ambiente. Com a SAR, é possível observar como mudanças sutis na estrutura molecular podem resultar em mudanças na potência ou até mesmo na presença ou ausência de um efeito tóxico em uma classe química. Essa correlação pode ser feita mesmo nos casos em que o mecanismo de ação de uma molécula não é conhecido. Portanto, embora não se tenha uma ideia clara do "porquê" da existência de uma correlação entre a toxicidade e as modificações estruturais, o fato de ela existir é suficiente para ajudar o químico a desenvolver uma molécula que minimize o perigo associado a ela.

8.3. Evitar grupos funcionais tóxicos

Muitas vezes, não existe nem o mecanismo de ação nem uma relação estrutura-atividade confiável. Nesse caso, ainda é possível identificar o grupo funcional que está causando o efeito tóxico e evitar que ele seja usado. Obviamente, é necessário combinar a identificação de uma funcionalidade alternativa com a aplicação que a molécula deverá realizar.

Um exemplo desse tipo de substituição de grupo funcional foi demonstrado na fabricação de adesivos para determinadas aplicações, como os adesivos de para-brisas de carros. Muitos desses materiais foram feitos de isocianatos, que se reticulam para formar poliuretanos adesivos. No entanto, há uma certa preocupação com o perfil toxicológico dos isocianatos e, por isso, surgiram atividades de pesquisa e desenvolvimento sobre como evitar o uso desse grupo funcional. Um grupo desenvolveu um adesivo baseado em ésteres de acetoacetato que servem como agentes de reticulação de adesivos, mas evitam o uso do grupo funcional que causa preocupação, ou seja, os isocianatos.

Outra maneira de lidar com um grupo funcional que possui alguma toxicidade é mascarar o grupo funcional. O mascaramento é a técnica de transformar temporariamente uma funcionalidade para uma finalidade específica, apenas para recuperar o grupo funcional original quando for necessário. Ao usar essa estratégia, uma molécula pode se tornar inócua durante o tempo em que as pessoas ou o meio ambiente podem ser expostos à substância, e o grupo funcional reativo só será regenerado quando for contido com segurança.

Um exemplo dessa metodologia é comumente usado no setor de corantes para moléculas que contêm um grupo vinilsulfona. As vinilsulfonas são colocadas como parte de um corante reativo para permitir que o corante se ligue covalentemente ao tecido, de modo que o tecido não seja descorado. Quando os dados toxicológicos tornaram evidentes as implicações do grupo vinilsulfona para a saúde, os fabricantes de corantes mascararam a vinilsulfona como sulfato de vinilsulfona. O sulfato tem implicações drasticamente menores porque pode ser gerado *in situ* sem exposição aos seres humanos ou ao meio ambiente.

Como esse processo envolve a fabricação de um derivado químico que foi desenvolvido apenas para ser destruído e gera resíduos no processo, essa técnica não teria uma boa classificação em uma análise formal de química verde. Entretanto, se a preocupação dominante com relação ao manuseio e ao uso de uma substância for a toxicidade de um grupo funcional essencial, o mascaramento pode ser a melhor alternativa disponível.

8.4. Minimização da biodisponibilidade

Não importa o quanto uma substância seja inerentemente tóxica; ela deve ser capaz de entrar no corpo para poder causar danos. Essa capacidade de entrar nos vários sistemas e órgãos biológicos é chamada de biodisponibilidade. Nos casos em que há falta geral de informações sobre como uma substância está causando toxicidade, ou mesmo qual funcionalidade dentro da molécula é responsável por isso, tornar a molécula menos biodisponível é uma técnica que pode ser utilizada com frequência para minimizar o perigo. Sabe-se muito sobre como as moléculas entram no corpo por meio de várias rotas – por exemplo, transporte respiratório, dérmico ou de membrana. Usando esse conhecimento, os químicos podem desenvolver moléculas de modo que a entrada no sistema biológico seja diminuída ou eliminada.

Por exemplo, se um polímero é motivo de preocupação quando entra no sistema respiratório, uma informação útil é que os tamanhos de partículas considerados respiráveis são de dez μm ou menos. Sendo assim, um químico de polímeros poderia desenvolver partículas de polímero grandes o suficiente (ou seja, maiores que dez μm) para não serem respiráveis. Como a substância não tem biodisponibilidade, ela não poderia causar o efeito tóxico considerado.

Outras substâncias que entram no corpo pela pele têm uma restrição semelhante ao transporte. Para a entrada dérmica, os compostos geralmente precisam ter um determinado perfil de solubilidade, conforme medido pelo Log *P* (o Log *P* é a medida de como uma substância se distribui em solução entre uma camada aquosa e uma camada lipofílica). Ao manipular essa propriedade físico-química, um químico pode tornar a substância menos apta a ser transportada através da membrana dérmica e, portanto, menos biodisponível. Novamente, essa substância não seria capaz de exibir sua toxicidade inerente porque não poderia entrar no sistema biológico.

8.5. Minimização do uso de substâncias auxiliares

Certamente pode acontecer de uma substância possuir pouca ou nenhuma toxicidade inerente, mas exigir o uso de substâncias perigosas associadas para realizar sua função. Por exemplo, se uma substância inócua precisa ser dissolvida em um solvente perigoso para ser usada adequadamente, então há toxicidade, ainda que indireta, resultante do produto químico. Esta tem sido a situação de uma variedade de tintas e revestimentos ao longo dos anos, que exigem o uso de solventes orgânicos para realizar sua função. Esses compostos orgânicos voláteis são motivo de preocupação devido à sua capacidade de contribuir para a poluição do ar, como o ozônio atmosférico. Em resposta a essas preocupações, os químicos têm desenvolvido novos revestimentos com as mesmas propriedades, mas que podem ser utilizados em sistemas aquosos ou em outras matrizes que não utilizem solventes orgânicos voláteis.

9
Exemplos de química verde

9.1. Exemplos de materiais de partida ecológicos

Aconteceram conquistas significativas na área do uso de matérias-primas ambientalmente benignas para a fabricação de uma ampla variedade de produtos químicos. Tradicionalmente, muitos produtos são fabricados a partir de matérias-primas que contêm características preocupantes, incluindo toxicidade, esgotam os recursos naturais e/ou são desenvolvidas por métodos que podem resultar em danos ambientais. Com os avanços em biotecnologia, biocatálise e biossíntese, o uso de matérias-primas de base biológica foi demonstrado como uma alternativa tecnologicamente viável às matérias-primas oriundas de petróleo para vários processos químicos.

9.1.1. Polímeros de polissacarídeos

Os polímeros são uma classe muito importante de compostos que têm amplas aplicações e uma grande variedade de propriedades que podem ser exploradas. Os materiais de partida dos polímeros, seus precursores monoméricos, podem apresentar uma gama completa de riscos, como qualquer outra substância química. Uma abordagem para o uso de materiais de partida para polímeros mais benignos ao meio ambiente é o uso de polissacarídeos como matéria-prima. As matérias-primas de polissacarídeos têm várias vantagens que as tornam atraentes do ponto de vista da química verde.

Os polissacarídeos são matérias-primas biológicas e, como tal, têm a vantagem de serem renováveis, ao contrário das matérias-primas derivadas do petróleo e de outros combustíveis fósseis. Não há dados toxicológicos que indiquem que os polissacarídeos possuem riscos significativos em termos de toxicidade aguda ou crônica para a saúde humana e o meio ambiente. O potencial de acidente resultante da utilização de polissacarídeos deve ser negligenciável. O trabalho de Gross et al. utiliza métodos biossintéticos para a produção de polímeros à base de polissacarídeos, uma técnica que pode frequentemente ser utilizada como substituta para a realização das mesmas transformações utilizando substâncias mais perigosas.[13] Uma das vantagens ambientais adicionais da utilização de polissacarídeos como matérias-primas é o fato de serem biodegradáveis no ecossistema após o fim de sua vida útil. Esta é uma vantagem distinta em relação a muitas classes de polímeros, que tendem a persistir no ambiente.

9.1.2. Produtos químicos de base a partir da glicose

A glicose pode ser uma excelente matéria-prima alternativa para produtos químicos de *commodity*. Frost demonstrou uma variedade de sínteses utilizando a glicose como matéria-prima.[14] Utilizando técnicas biotecnológicas para manipular a via do ácido chiquímico (responsável pela produção de muitos dos compostos aromáticos na natureza), podem ser sintetizados compostos como a hidroquinona, o catecol e o ácido adípico, todos importantes compostos químicos produzidos em grande volume. O material de partida tradicional (Figura 9.1) para essas substâncias é o benzeno, um conhecido agente cancerígeno. Ao utilizar glicose em vez de benzeno (Figura 9.2), essa via biossintética pode ajudar na minimização do uso de determinados reagentes com toxicidade significativa. Essa síntese também é realizada em água em vez de solventes orgânicos.

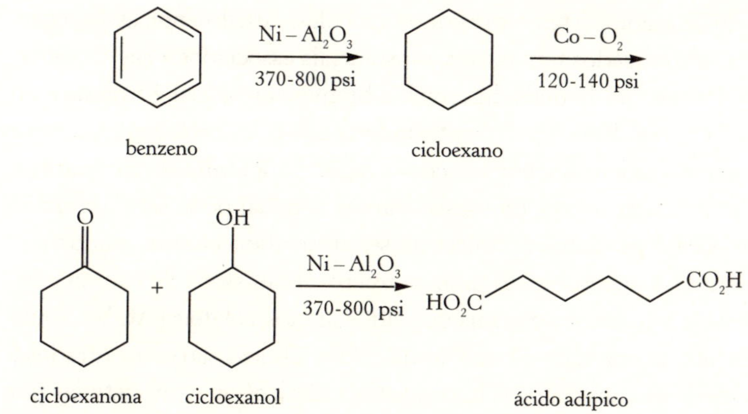

Figura 9.1. Síntese tradicional do ácido adípico, usando benzeno.

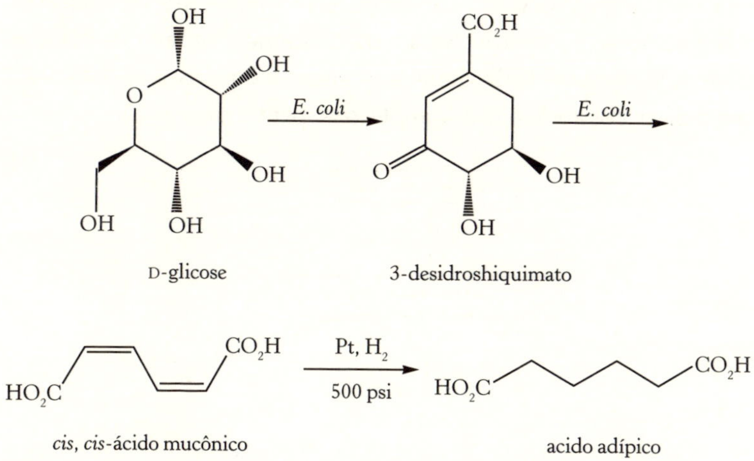

Figura 9.2. Caminho biossintético alternativo para o ácido adípico, usando glicose.

9.1.3. Conversão de biomassa em produtos químicos

Pesquisadores da Texas A&M University desenvolveram uma classe de tecnologias que convertem a biomassa residual em ração animal, produtos químicos industriais e combustíveis (Figura 9.3).[15] A biomassa residual inclui recursos como resíduos sólidos municipais, lodo de esgoto, esterco e resíduos agrícolas. Atualmente, esses recursos subutilizados têm custos substanciais associados a seu descarte.

Para torná-la mais digerível, a biomassa residual é tratada com cal. Os resíduos agrícolas tratados com cal, como palha, feno e bagaço, podem ser usados como ração para animais ruminantes. Como alternativa, a biomassa tratada com cal pode ser convertida em vários produtos químicos ao ser alimentada em um grande fermentador anaeróbio no qual os micro-organismos do rúmen convertem a biomassa em sais de ácidos graxos voláteis (AGV), como acetato, propionato e butirato de cálcio. Os sais são concentrados e podem ser convertidos em produtos químicos ou combustíveis por meio de três rotas. Na primeira rota, os sais de AGV são acidificados, liberando os ácidos acético, propiônico e butírico. Na segunda rota, os sais de AGV são convertidos termicamente em cetonas, como acetona, metiletilcetona e dietilcetona. Na terceira rota, as cetonas podem ser hidrogenadas a seus álcoois correspondentes, como o isopropanol, o isobutanol e o isopentanol.

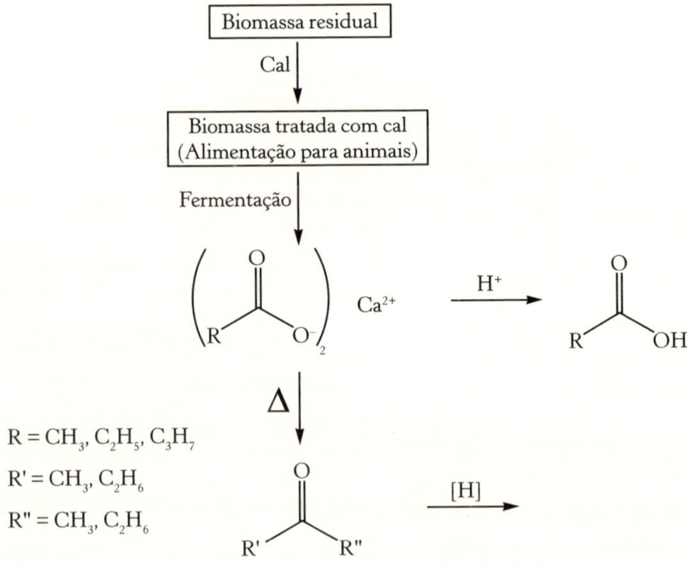

Figura 9.3. Tecnologias para converter biomassa residual em alimentos para animais, produtos químicos industriais e combustíveis.

Essa classe de tecnologias oferece benefícios significativos para a saúde humana e o ambiente. Os alimentos tratados com cal e utilizados por animais podem substituir o milho forrageiro, que representa cerca de 88% de toda a produção de milho. O cultivo do milho exige a lavoura, o que agrava a erosão do solo, e perdem-se cerca de dois alqueires de solo superficial por cada alqueire de milho colhido. O milho também requer uma utilização intensiva de fertilizantes, herbicidas e pesticidas, o que pode contribuir para a contaminação das águas subterrâneas.

Os produtos químicos podem ser produzidos economicamente a partir de biomassa residual que tem um impacto negativo no ambiente, como os resíduos sólidos urbanos e as lamas de depuração. Em geral, esses resíduos são depositados em aterros ou incinerados, o que implica um custo de eliminação e contribui para a poluição do solo ou do ar. Ao gerar produtos químicos a partir da biomassa, os recursos não renováveis, tais como o petróleo e o gás natural, são conservados para as gerações posteriores.

Os combustíveis produzidos a partir de biomassa residual apresentam os benefícios citados, ou seja, redução do impacto ambiental pelo descarte de resíduos e redução do déficit comercial. Além disso, os combustíveis oxigenados derivados da biomassa têm uma queima mais limpa e não adicionam dióxido de carbono ao meio ambiente, reduzindo assim os fatores que contribuem para o aquecimento global.

9.2. Exemplos de reações verdes

9.2.1. Economia de átomos e catálise homogênea

Para maximizar o número de átomos de reagentes que são transformados em produtos em um esquema sintético, Trost desenvolveu o que é chamado de "economia de átomos".[9] O objetivo desse trabalho é reduzir o número de átomos direcionados a subprodutos indesejados. As reações de Diels-Alder e as condensações aldólicas são exemplos em que há pouca ou nenhuma formação de subprodutos. Para melhorar esses e outros tipos de reações, Trost vem desenvolvendo elegantes catalisadores de metais de transição. Esse trabalho foi bem documentado em uma revisão recente.

9.2.2. Síntese de aminas aromáticas sem haletos

As sínteses tradicionais de aminas aromáticas envolvem a cloração do benzeno seguida de nitração e deslocamento nucleofílico do cloro com um novo grupo substituinte. A síntese da 4-aminodifenilamina ilustra esse processo (Figura 9.4).

A Monsanto desenvolveu uma nova síntese de 4-aminodifenilamina que utiliza a substituição nucleofílica por hidrogênio (Figura 9.5).[16] Esse processo evita o uso de intermediários halogenados; o nitrobenzeno e a anilina são aquecidos na presença de hidróxido de tetrametilamônio para gerar os sais de tetrametilamônio dos produtos de condensação. A hidrogenação catalítica dessa mistura de reação produz a 4-aminodifenilamina enquanto regenera o hidróxido de tetrametilamônio.

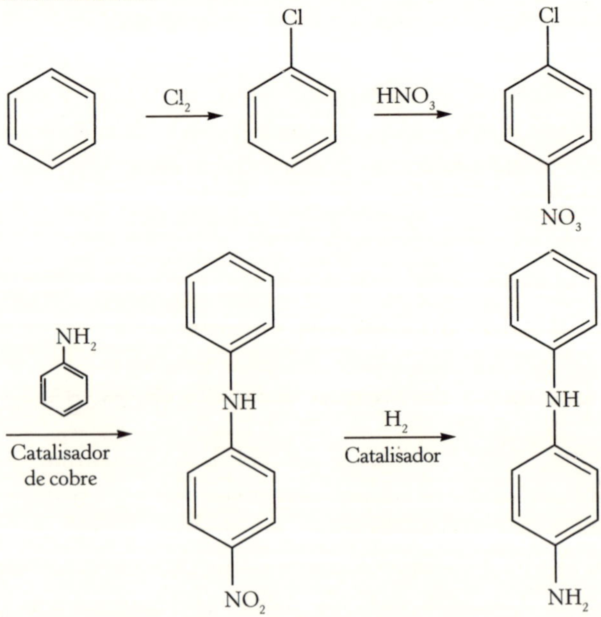

Figura 9.4. Síntese tradicional de uma amina aromática, 4-aminodifenilamina.

9.2.3. Uma alternativa ecológica para a síntese de Strecker

O iminodiacetato dissódico (DSIDA) é um intermediário importante na produção do herbicida Roundup(r) da Monsanto.[17] Tradicionalmente, a Monsanto e outras empresas fabricam o DSIDA usando o conhecido processo Strecker (que requer amônia, formaldeído, cianeto de hidrogênio e ácido clorídrico) (Figura 9.6). Devido à sua toxicidade extrema e aguda, o cianeto de hidrogênio exige um manuseio especial para minimizar o risco para os trabalhadores, a comunidade e o meio ambiente. A reação pode gerar, exotermicamente, intermediários potencialmente não estáveis. O processo geral também gera até 1 kg de resíduos para cada 7 kg de produto. Grande parte desses resíduos contém traços de cianeto e formaldeído e devem ser tratados antes do descarte seguro.

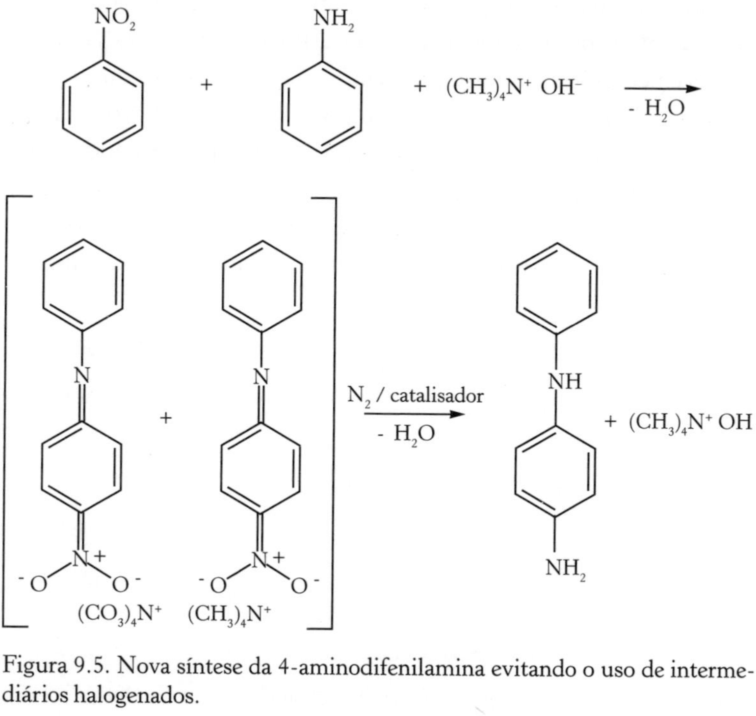

Figura 9.5. Nova síntese da 4-aminodifenilamina evitando o uso de intermediários halogenados.

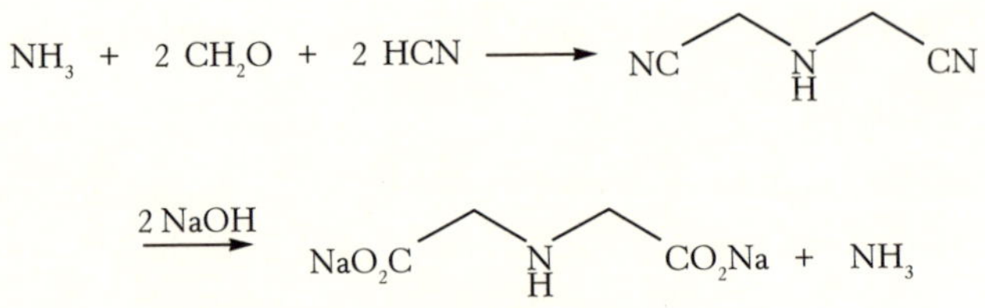

iminodiacetato dissódico

Figura 9.6. O processo Strecker para sintetizar DSIDA.

A Monsanto desenvolveu um processo DSIDA alternativo que se baseia na desidrogenação da dietanoamida (DEA) catalisada por cobre (Figura 9.7). Esse processo é inerentemente mais seguro porque a reação de desidrogenação é endotérmica e, por isso, não apresenta o perigo de uma reação descontrolada. Essa nova tecnologia evita a utilização de cianeto e formaldeído e é mais segura de operar, produz um rendimento geral mais alto, tem menos etapas de processo e produz um fluxo de produto que, após a filtração do catalisador, é de qualidade tão alta que nenhuma purificação ou separação de resíduos é necessária para uso posterior na fabricação do Roundup(r). Essa tecnologia de catálise também pode ser usada na produção de outros aminoácidos, como a glicina. É também um método geral para conversão de álcoois primários em sais de ácido carboxílico e é potencialmente aplicável à preparação de muitos outros produtos químicos agrícolas, de *commodities*, especialidades e farmacêuticos.

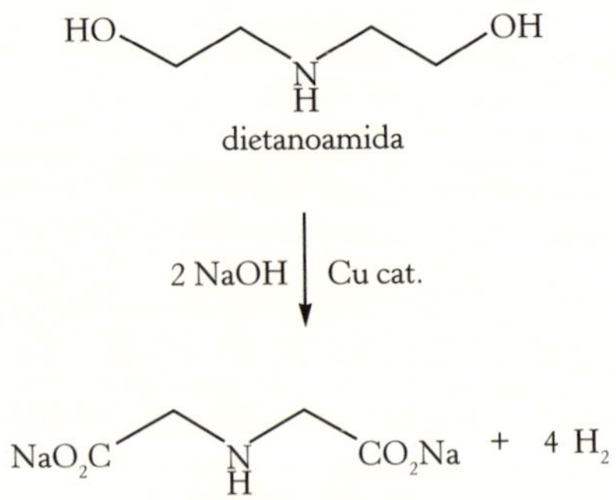

iminodiacetato dissódico

Figura 9.7. Síntese alternativa de DSIDA utilizando um catalisador de cobre.

9.3. Exemplos de reagentes verdes

9.3.1. Síntese de isocianatos sem fosgênio

Os poliuretanos são polímeros importantes amplamente utilizados em uma variedade de aplicações comerciais. A dificuldade ambiental com os poliuretanos é que eles têm sido tradicionalmente fabricados usando fosgênio (Figura 9.8). O fosgênio é um gás extremamente tóxico cujo efeito agudo é a letalidade. Um grupo da companhia Monsanto desenvolveu um método de síntese de poliuretanos e seus precursores de isocianato que elimina totalmente o uso de fosgênio (Figura 9.9).[18]

$$\underset{\text{amina}}{RNH_2} + \underset{\text{fosgênio}}{COCl_2} \longrightarrow \underset{\text{isocianato}}{RNCO} + 2\,HCl \xrightarrow{R'OH} \underset{\text{uretano}}{RNHCO_2R}$$

Figura 9.8. Síntese de poliuretanos usando fosgênio.

$$\underset{\text{amina}}{RNH_2} + \underset{\text{dióxido de carbono}}{CO_2} \longrightarrow \underset{\text{isocianato}}{RNCO} + H_2O \xrightarrow{R'OH} \underset{\text{uretano}}{RNHCO_2R'}$$

Figura 9.9. Síntese alternativa de poliuretanos sem o uso de fosgênio.

9.3.2. Metilações seletivas usando dimetilcarbonato

As reações convencionais de metilação empregam haletos de metila ou sulfato de metila. A toxicidade desses compostos e suas consequências ambientais tornam essas sínteses um tanto quanto indesejáveis. A metilação de compostos ativos de metileno geralmente envolve várias alquilações incontroláveis.

Tundo desenvolveu um método para produzir compostos ativos de metileno seletivamente usando dimetilcarbonato (Figura 9.10).[19] A reação de arilacetonitrilas com dimetilcarbonato a 180 °C-220 °C na presença de carbonato de potássio produz 2-arilpropionitrilas com alta seletividade (> 99%). Nesse processo, não são produzidos sais inorgânicos. Tundo demonstrou essa reação tanto em condições de fluxo contínuo como em batelada.

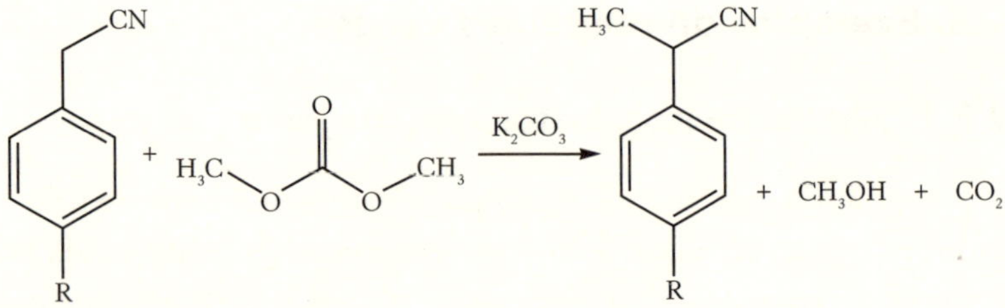

Figura 9.10. Metilação seletiva de compostos com metileno ativo.

9.3.3. Polimerização em estado sólido de polímeros amorfos utilizando difenilcarbonato

A indústria química Asahi desenvolveu o conceito de polimerização em estado sólido de polímeros amorfos para a fabricação de policarbonatos.[20] Substituindo a utilização convencional de fosgênio e diclorometano, esse processo utiliza diretamente o bisfenol-A

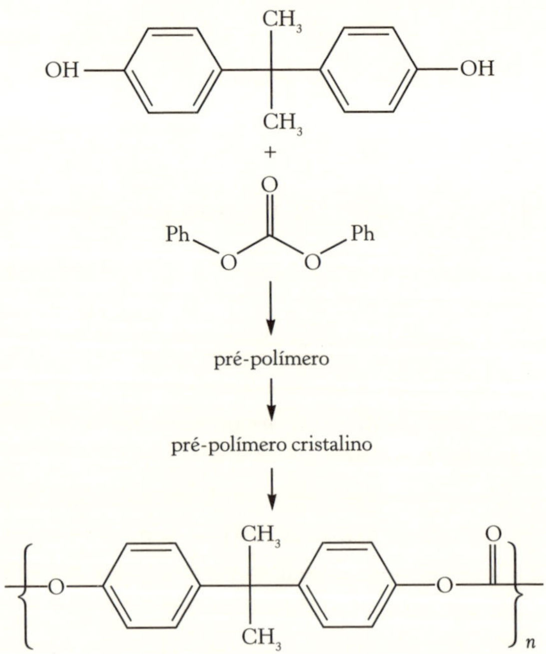

Figura 9.11. Síntese de "pré-polímeros" de baixa massa molecular.

e o carbonato de difenila para obter "pré-polímeros" de baixa massa molecular (MM 2.000-20.000) (Figura 9.11). Esses "pré-polímeros" são depois convertidos em polímeros de maior massa molecular e opticamente transparentes por meio da cristalização do material de baixa massa molecular, seguida de uma nova polimerização.

9.3.4. Complexos verdes de metais de transição oxidativos

Muitos processos oxidativos têm consequências ambientais negativas. Com a criação de oxidantes catalíticos e recicláveis de longa duração, a contaminação por íons metálicos no ambiente pode ser minimizada com o uso do oxigênio molecular como oxidante primário. Vários sistemas de ligantes que são estáveis em relação à decomposição oxidativa em ambientes oxidantes estão sendo desenvolvidos por Collins.[21] Realizando a modelagem molecular dos intermediários reativos propostos em processos de oxidação biológica e química, foram sintetizados complexos de metais de transição de alto estado de oxidação extremamente estáveis.

9.3.5. Reator de oxidação líquida

Praxair desenvolveu um processo que permite a oxidação segura de produtos químicos orgânicos com oxigênio puro ou quase puro.[22] Essa tecnologia, conhecida como reator de oxidação líquida (LOR, do inglês *liquid oxidation reactor*), oferece vantagens ambientais. O uso de oxigênio no lugar de processos de oxidação convencionais baseados em ar reduz a quantidade de gás de ventilação que deve ser tratada antes da liberação na atmosfera. O uso do oxigênio pode ter um efeito positivo na química da reação, permitindo temperaturas e/ou pressões mais baixas. Isso pode levar a uma melhoria na seletividade sem sacrificar a taxa de produção. O aumento da eficiência química com o oxigênio pode resultar em economias substanciais no custo das matérias-primas. A temperatura mais baixa permitida pelo processo LOR reduz a perda de reagente e/ou solvente para subprodutos e para fluxos de resíduos. O LOR permitirá que um segmento grande e importante do setor químico dos Estados Unidos faça uso mais eficiente das matérias-primas, reduza as emissões ambientais e economize energia.

9.4. Exemplos de solventes verdes e condições de reação

Tem havido uma grande ênfase, tanto no setor químico quanto na pesquisa acadêmica, no desenvolvimento de solventes e condições reacionais ambientalmente benignas. Isso se deve, em grande parte, ao fato de que os solventes tradicionais, como os clorofluorcarbonos e os compostos orgânicos voláteis, estiveram envolvidos em vários problemas ambientais e, por isso, foram altamente regulamentados. As realizações nessa área têm sido inovadoras e diversificadas, e respondem às demandas econômicas e legislativas impostas ao uso dos sistemas clássicos de solventes.

9.4.1. Fluidos supercríticos

9.4.1.1. Catálise assimétrica usando dióxido de carbono supercrítico

O uso de dióxido de carbono supercrítico como substituto de solventes orgânicos representa uma ferramenta importante para a redução de resíduos no setor químico e em áreas relacionadas. A descafeinação do café, a extração do lúpulo e a produção de óleos essenciais, bem como a extração/reciclagem de resíduos e vários procedimentos analíticos, já utilizam esse composto não tóxico, não inflamável, renovável e barato como solvente. A extensão dessa abordagem para a produção química, usando o CO_2 como meio de reação, é uma abordagem promissora para a prevenção da poluição. Dentre a ampla gama de reações com dióxido de carbono supercrítico que foram exploradas, uma classe de reações mostrou-se excepcionalmente promissora.[23] O Laboratório Nacional Los Alamos descobriu que reduções catalíticas assimétricas, especialmente hidrogenações e reações de transferência de hidrogênio, podem ser realizadas em dióxido de carbono supercrítico com seletividades comparáveis ou superiores às observadas em solventes orgânicos convencionais (Figura 9.12).

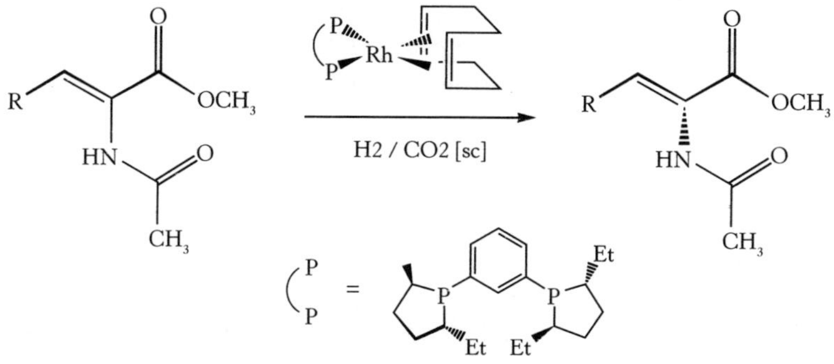

Figura 9.12. Redução catalítica assimétrica em dióxido de carbono supercrítico.

Los Alamos descobriu, por exemplo, que a redução assimétrica por transferência de hidrogênio de enamidas usando catalisadores de rutênio produz enantiosseletividades superiores às dos solventes convencionais. O sucesso das reduções catalíticas assimétricas em CO_2 se deve, em parte, a várias propriedades exclusivas do CO_2, incluindo ajuste da força do solvente, miscibilidade do gás, alta difusividade e facilidade de separação. Além disso, a insolubilidade de sais, uma limitação significativa do CO_2 como solvente de reação, foi superada com o uso de ânions lipofílicos, especialmente o tetraquis[3,5-bis(trifluorometil)-fenil]borato (Barf). Essas descobertas demonstram uma alternativa ambientalmente benigna e potencialmente viável do ponto de vista econômico para a síntese de uma ampla variedade de especialidades químicas, como produtos farmacêuticos e agroquímicos.

9.4.1.2. Polimerizações supercríticas

A tecnologia de surfactantes de dióxido de carbono, ou "espuma de CO_2", usa líquidos supercríticos de CO_2 no lugar de produtos químicos orgânicos menos aceitáveis.[24] O dióxido de carbono representa uma alternativa ecologicamente correta aos solventes usados atualmente em uma variedade de aplicações. Essa tecnologia envolve o desenvolvimento de sistemas surfactantes para CO_2, a fim de expandir o uso de CO_2 líquido e supercrítico para aumento de seu poder de solvatação para moléculas grandes à base de hidrocarbonetos. Além dos processos de polimerização (Figura 9.13), a "espuma de CO_2" pode ser usada como meio de limpeza e extração (substituindo os hidrocarbonetos halogenados) e como solvente/meio para reações orgânicas.

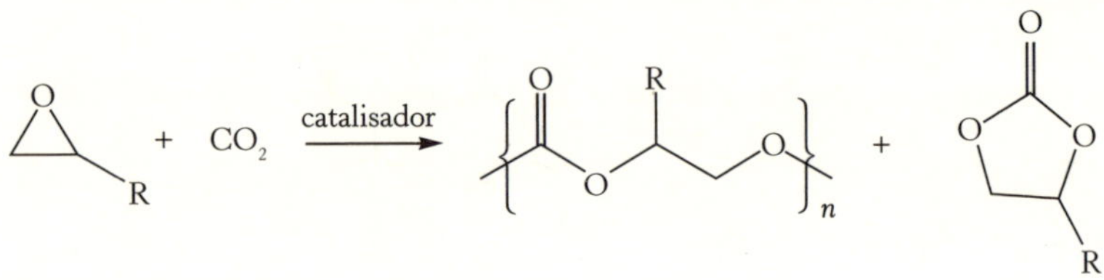

Figura 9.13. Uso de "espuma de CO_2" na polimerização.

9.4.1.3. Bromações de radicais livres em CO_2 supercrítico

Outro exemplo de substituição de solventes convencionais por CO_2 supercrítico foi descrito por Tanko.[25] Seu trabalho demonstrou que as bromações com radicais livres podem ser realizadas em CO_2 supercrítico, onde seletividade e rendimento não são comprometidos pela substituição das condições reacionais convencionais. A bromação radicalar do tolueno, por exemplo, foi explorada utilizando bromo e *N*-bromosuccinimida (NBS) (Figura 9.14). Quando o bromo foi utilizado como agente bromante, obteve-se uma mistura de brometo de benzila (> 70%) e 4-bromotolueno. Quando se utilizou *N*-bromosuccinimida, observou-se uma conversão quantitativa em brometo de benzila.

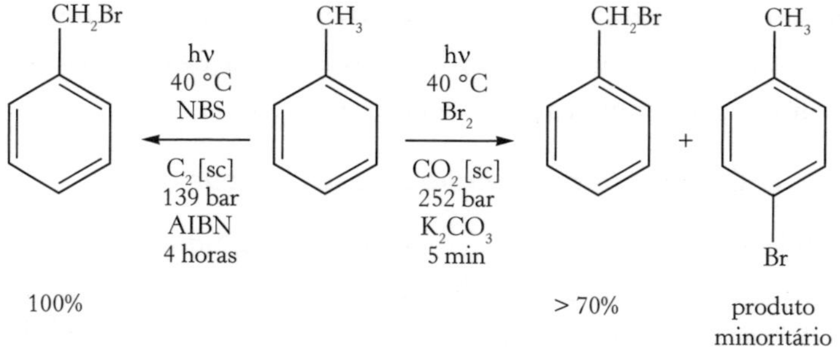

Figura 9.14. Bromação radicalar do tolueno em dióxido de carbono supercrítico.

9.4.1.4. Agentes de expansão de dióxido de carbono

Devido a preocupações ambientais, a companhia Dow Química desenvolveu um novo processo para a utilização de 100% de dióxido de carbono CO_2 como agente de expansão utilizado na fabricação de folhas de espuma de poliestireno.[26] A utilização de 100% de CO_2 oferece um desempenho ambiental ótimo porque o CO_2 não destrói a camada de ozônio, não contribui para a poluição atmosférica ao nível do solo e não contribui para o aquecimento global, uma vez que o CO_2 é utilizado a partir de subprodutos comerciais existentes e de fontes naturais. O dióxido de carbono também não é inflamável, proporcionando maior segurança aos trabalhadores, e é econômico.

9.4.2. Reações em condições aquosas

9.4.2.1. Trabalho de Breslow com ciclodextrinas

Foram feitas várias investigações sobre a utilização da água como solvente em vez de solventes orgânicos tradicionais para a realização de transformações sintéticas. Breslow investigou a reação de Diels-Alder em água e descobriu que as velocidades de reação e seletividades podem ser aumentadas em um sistema aquoso.[27] Ele também pesquisou o uso de ciclodextrina para facilitar o uso de água como meio reacional e realizou transformações como reações biomiméticas catalíticas pelo citocromo P-450.

9.4.2.2. *Catalisadores de índio à base de água*

Recentemente, Paquette demonstrou que o índio metálico, um elemento relativamente inexplorado, oferece vantagens na promoção de transformações orgânicas em solução aquosa.[28] A viabilidade de realizar condensações organometálicas/carbonílicas em água, por exemplo, foi demonstrada para o índio metálico. O índio não é tóxico, é muito resistente à oxidação pelo ar e é facilmente recuperado por meios eletroquímicos simples, o que permite sua reutilização e garante um fluxo de resíduos não contaminados. Além disso, a proteção/desproteção de grupos funcionais e uma atmosfera inerte não são necessárias ao utilizar essa tecnologia.

9.4.2.3. *Bromação em meio aquoso e não radicalar*

Reatores multifásicos foram desenvolvidos no Instituto de Tecnologia de Nova Jersey e em outras universidades que usam água como meio de reação para evitar o uso de solventes orgânicos perigosos na fabricação de produtos farmacêuticos e produtos químicos especiais.[29] Essa tecnologia demonstra que a bromação radicalar de produtos orgânicos pode ser realizada em sistemas aquosos. Um reator de gotículas semicontínuo exclusivo também foi desenvolvido para epoxidações. O fato de esses métodos oferecerem uma nova alternativa àquelas de "fim de ciclo" para a eliminação de VOCs é um grande incentivo para a modificação do processo.

9.4.3. Solventes imobilizados

Pesquisadores do MIT desenvolveram uma classe de solventes poliméricos com propriedades de solvatação semelhantes às dos solventes usados convencionalmente em operações de síntese química, separação e purificação.[30] O potencial de perda por emissões atmosféricas desfavoráveis ao meio ambiente ou fluxos de descarga aquosa é minimizado. Esses solventes são derivados poliméricos de solventes usados atualmente em processos de reação e separação. Os solventes podem ser usados como meio de reação ou separação, ou podem ser diluídos em alcanos superiores (nove ou mais átomos de carbono). Os solventes poliméricos ou oligoméricos, como o derivado de THF (tetraidrofurano), foram sintetizados utilizando macromonômeros que incorporam a funcionalidade desejada como grupos substituintes na estrutura polimérica (Figura 9.15). Esses solventes poliméricos são facilmente recuperados utilizando separações mecânicas, como a ultrafiltração, em vez de processos de destilação. Esse conceito de produção e síntese de solventes oferece o potencial para reduções significativas das fontes de poluição do ar e da água.

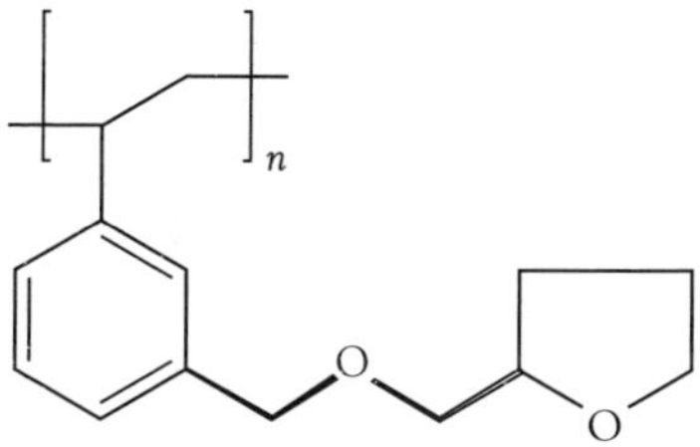

Figura 9.15. Um macromonômero utilizado para a síntese de um solvente polimérico ou oligomérico.

9.4.4. Condições reacionais irradiativas

9.4.4.1. Clivagem fotossensibilizada do grupo protetor ditio por luz visível

O desenvolvimento de reações fotoquímicas ambientalmente benignas através da utilização de alternativas não tóxicas para a oxidação de ditianos, oxatianos e éteres benzílicos foi descrita por Epling.[31] Em um exemplo, os derivados ditianos de compostos carbonílicos são desprotegidos utilizando luz visível (Figura 9.16). Utilizando um foco de luz convencional de 120 watts e verde de metileno como sensibilizador, os derivados ditianos foram convertidos nos aldeídos e cetonas correspondentes com excelentes rendimentos.

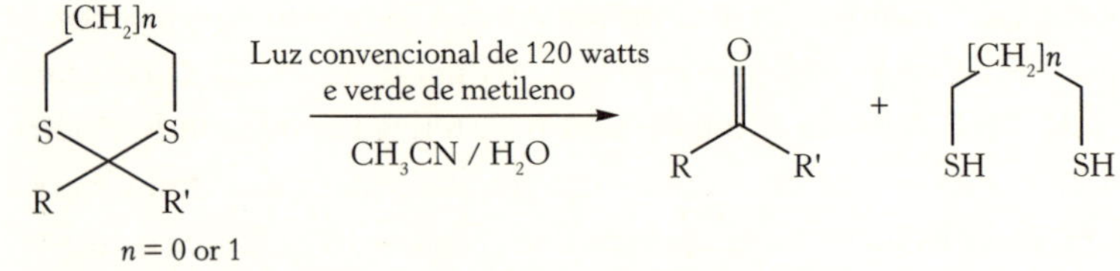

Figura 9. 16. Desproteção de derivados ditianos de compostos carbonílicos utilizando luz visível.

9.4.4.2. Alternativa fotoquímica à reação de Friedel-Crafts

Para evitar a geração dos subprodutos poluentes das reações convencionais de Friedel-Crafts, um método alternativo foi descrito por Kraus.[32] Por meio de reações fotoquimicamente mediadas de aldeídos com quinona, sistemas cíclicos de benzodiazepina e benzoepina foram sintetizados (Figura 9.17). Essa metodologia evita o uso de cloretos ácidos sensíveis ao ar, catalisadores de ácidos de Lewis (cloreto de alumínio, cloreto de estanho (II) ou cloreto de titânio) ou solventes como nitrobenzeno, dissulfeto de carbono ou tetracloreto de carbono.

9.5. Exemplos de produtos químicos ecológicos

Como o desenvolvimento de produtos químicos mais seguros pode ser aplicado a praticamente qualquer produto químico, os exemplos dados aqui são tão diversos quanto os próprios produtos. Embora seja verdade que nada é isento de riscos, as vantagens oferecidas pelo emprego das ferramentas para planejar produtos químicos mais seguros permitem reduzir drasticamente os riscos e fazer com que os produtos sintetizados sejam ambientalmente benignos.

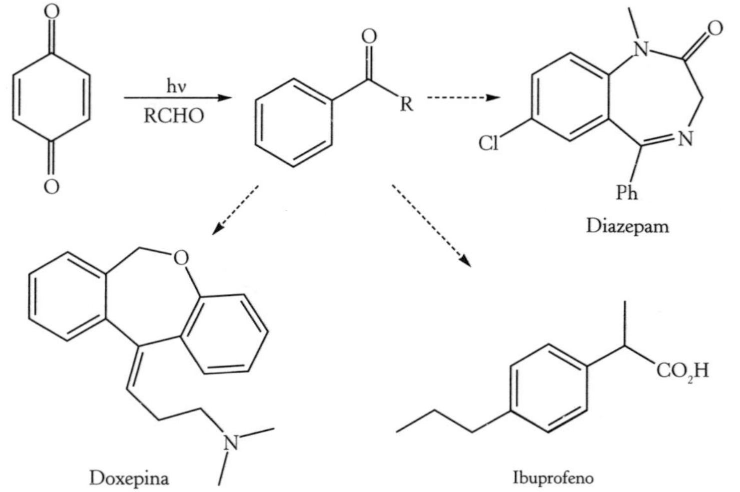

Figura 9.17. A reação mediada fotoquimicamente de aldeídos com quinona.

9.5.1. Desenvolvimento de nitrilas alternativas

Um exemplo de como é possível avaliar as consequências toxicológicas de um determinado grupo funcional e, em seguida, usar essas informações para desenvolver compostos inerentemente mais seguros foi descrito por DeVito, que apresenta um estudo abrangente do grupo funcional nitrila.[33] As relações toxicológicas entre estrutura e atividade são exploradas, sendo encontradas modificações sintéticas que reduzem a toxicidade. A estratégia geral descrita pode ser aplicada ao estudo de qualquer classe de compostos.

Um dos muitos exemplos apresentados no trabalho de DeVito é uma comparação entre a toxicidade da 3-hidroxipropionitrila e da 2-hidroxipropionitrila (Figura 9.18). Estudos toxicológicos demonstram que o isômero 2-hidroxi é muito mais tóxico do que o isômero 3-hidroxi. O mecanismo de toxicidade aguda é proposto como sendo a eliminação do cianeto de hidrogênio da cianoidrina (Figura 9.19). Dependendo da natureza da substituição na posição do carbono α, essa eliminação pode ser acelerada ou desacelerada. Sabendo disso, novas propionitrilas podem ser desenvolvidas para reduzir essa via mecanística e, assim, serem inerentemente mais seguras.

3-hidroxipropionitrila — rat oral LD_{50} = 45 mmol/kg

2-hidroxipropionitrila — rat oral LD_{50} = 1.23 mmol/kg

Figura 9.18. A toxicidade da 3- e 2-hidroxipropionitrila.

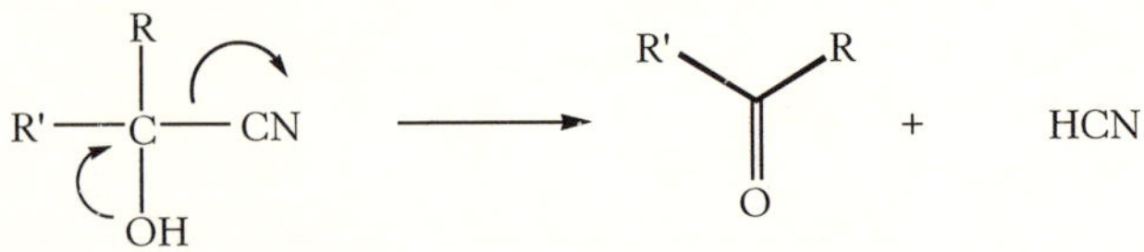

Figura 9.19. Eliminação do cianeto de hidrogênio da cianoidrina.

9.5.2. Produto Rohm and Haas Sea-Nine™

A incrustação é o crescimento indesejado de plantas e animais na superfície de um navio. Os produtos químicos usados para controlar a incrustação são compostos organoestânicos, como o óxido de tributilestanho (TBTO). Esses compostos são eficazes na prevenção de incrustações, mas apresentam problemas ambientais generalizados. São persistentes no meio ambiente e têm vários efeitos tóxicos, incluindo toxicidade aguda, bioacumulação, diminuição da viabilidade reprodutiva e aumento da espessura da concha em moluscos. Esses efeitos nocivos levaram à Lei de Controle de Tinta Antiincrustante Organoestânica [Organotin Antifouling Paint Control Act] de 1988. Essa lei determinou restrições ao uso de estanho nos Estados Unidos e encarregou a EPA e a Marinha dos Estados Unidos a realizar pesquisas sobre alternativas aos organoestânicos.

O anti-incrustante ideal impediria a incrustação de uma ampla variedade de organismos marinhos sem causar danos a organismos não desejados. A 4,5-dicloro-2-n-octil-4-isotiazolin-3-ona (anti-incrustante Sea-Nine™) foi escolhida pela Rohm and Haas Company como um novo anti-incrustante para desenvolvimento comercial.[34]

O anti-incrustante Sea-Nine™ se degrada extremamente rápido, com meia-vida de um dia na água do mar e de uma hora nos sedimentos. O TBTO se degrada muito mais lentamente, com uma meia-vida de nove dias na água do mar e de seis a nove meses nos sedimentos. A bioacumulação do anti-incrustante Sea-Nine™ é essencialmente zero.

9.5.3. Inseticida Rohm and Haas CONFIRM™

O CONFIRM™ controla de forma eficaz e seletiva importantes pragas de lagartas na agricultura, sem apresentar riscos significativos para o aplicador, o consumidor ou o ecossistema.[35] Esse inseticida controla as lagartas com uma ação totalmente nova e inerentemente mais segura do que os inseticidas atuais. Ele age imitando uma substância natural encontrada no corpo da lagarta, chamada 20-hidroxiecdisona, que é o "gatilho" natural que induz a muda e regula o desenvolvimento dos insetos. O CONFIRM™ interrompe o processo de muda das lagartas pragas, fazendo que elas parem de se alimentar poucas horas após a exposição e morram logo em seguida. Esse composto é um mimético pobre para a maioria dos outros insetos e artrópodes e, portanto, é seguro para uma ampla gama de insetos benéficos, predadores e parasitas, abelhas, joaninhas, vespas parasitas, insetos predadores e rendeiras. O CONFIRM™ não se bioacumula, volatiliza, lixivia ou persiste por tempo excessivamente longo no ambiente.

9.5.4. Ácidos poliaspartílicos de Donlar

O ácido poliacrílico (PAA) é um importante polímero aniônico usado em muitas aplicações industriais. O descarte ideal para esses polímeros seria por meio da biodegradação por micro-organismos, pois os produtos finais degradados são inócuos. Infelizmente, o PAA não é biodegradável, portanto, na maioria dos casos, esses polímeros acabam em instalações de tratamento de resíduos. Uma alternativa economicamente viável, eficaz e biodegradável é o poliaspartato térmico (TPA).

A Donlar inventou dois processos altamente eficientes para fabricar TPA.[36] O primeiro envolve uma polimerização seca e sólida, convertendo o ácido aspártico em polissuccinimida. Nenhum solvente orgânico é envolvido durante a conversão. O subproduto é a água condensada. Esse processo é extremamente eficiente. Rendimentos de mais de 97% de polisuccinimida são obtidos rotineiramente. A segunda etapa desse processo, a hidrólise básica da polissuccinimida em poliaspartato, também é extremamente eficiente e não gera resíduos.

O segundo processo de produção de TPA envolve o uso de um catalisador durante a polimerização que permite o emprego de uma temperatura de aquecimento mais baixa. O produto resultante tem características de desempenho aprimoradas, cor mais baixa e biodegradabilidade. Como o próprio catalisador pode ser recuperado do processo, o desperdício é minimizado ainda mais.

O TPA não é tóxico e é seguro para o meio ambiente. A biodegradabilidade do TPA também foi testada usando a metodologia estabelecida pela Organização para Cooperação e Desenvolvimento Econômico (OECD). O PAA não pode ser classificado como biodegradável quando testado sob as mesmas condições de metodologia.

9.5.5. Reveladores complexos da Polaroid

Para a obtenção de reveladores fotográficos que tenham as propriedades físicas e químicas corretas, a Polaroid, juntamente com outras empresas do setor fotográfico, modificou covalentemente as hidroquinonas. Normalmente, os grupos de bloqueio são ligados aos oxigênios da hidroquinona (Figura 9.20). Aproveitando a base presente no reagente "pod", são usados substitutos funcionalizados reativos à base. A hidrólise de grupos acila e mecanismos de eliminação foram empregados para "mascarar" as hidroquinonas e torná-las não reativas à oxidação. Antes da ativação por liberação básica do grupo protetor, a hidroquinona substituída é oxidativamente inerte.

Do ponto de vista ambiental, essa abordagem não é satisfatória. Para chegar a uma molécula cuja cinética de liberação básica seja precisamente compatível com os requisitos termodinâmicos e cinéticos impostos pelo sistema fotográfico, várias moléculas candidatas geralmente precisam ser sintetizadas, purificadas, selecionadas e testadas. O custo desse procedimento em termos de utilização de solventes orgânicos e geração de resíduos perigosos, além do custo econômico associado, aumenta rapidamente. Além disso, como os problemas de difusão não são tratados com eficiência, as propriedades de solubilidade desses sistemas moleculares podem exigir que as soluções de revestimento incorporem solventes não aquosos.

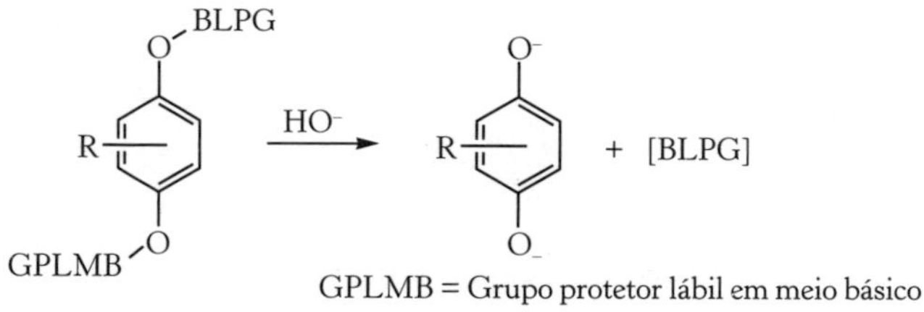

Figura 9.20. Hidroquinonas modificadas covalentemente.

Para abordar essas questões, foi aplicado o uso do reconhecimento molecular e da automontagem como meio de controlar o comportamento químico.[37] A ideia geral é formar uma construção supramolecular cuja integridade estrutural seja mantida por interações não covalentes. Usando dialquiltereftalamidas como componentes de conjugação, é possível construir conjuntos moleculares. A ligação de hidrogênio amida terciária-fenol fornece uma força de atração lábil em meio básico, reforçada pelo empilhamento disponível entre a hidroquinona rica em elétrons e a tereftalamida deficiente em elétrons (Figura 9.21).

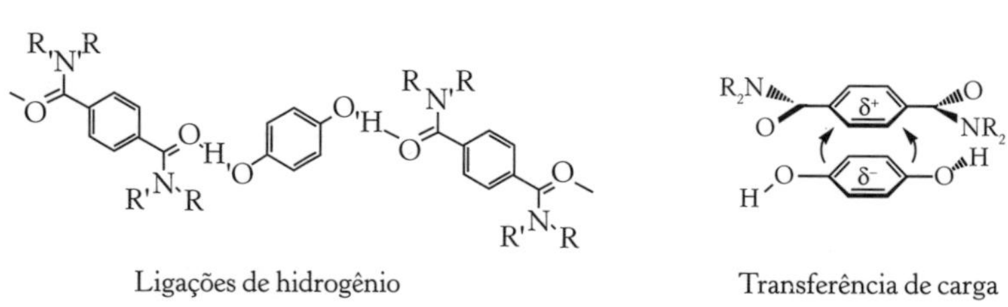

Figura 9.21. Interações intermoleculares.

O comportamento no estado sólido da construção supramolecular é muito diferente dos componentes individuais. Embora as hidroquinonas tenham uma solubilidade significativa em água, o complexo de hidroquinona e tereftalamida é relativamente insolúvel em água. Essa insolubilidade permite o processamento desse material em água. Como a força do complexo em estado sólido é mantida por ligações de hidrogênio, quando o álcali do reagente aumenta o pH do filme, as hidroquinonas são desprotonadas e rapidamente solubilizadas e, portanto, ativadas para uso no sistema fotográfico (Figura 9.22).

Figura 9.22. Representação da desprotonação e solubilização do complexo de hidroquinona e tereftalamida.

As medições analíticas demonstraram que a auto-oxidação das hidroquinonas é significativamente reduzida ou eliminada quando totalmente concluída em um conjunto supramolecular. A avaliação das concentrações de hidroquinona em várias camadas do filme após o revestimento verificou que os reveladores complexados não migram através da estrutura e são imobilizados com eficiência. O fato de o processo fotográfico funcionar tão bem mostra claramente que o conjunto é solubilizado e a hidroquinona é liberada em resposta à mudança de pH iniciada durante o processo fotográfico.

10
Tendências futuras em química verde

O futuro da química verde é tão amplo quanto o futuro da química como um todo e, portanto, é difícil prevê-lo ou resumi-lo. Assim como a química sempre foi uma jornada, e não uma conclusão, a química verde também se baseia na premissa de que o aprimoramento, a descoberta e a inovação contínuos são o caminho para o objetivo ideal de se ser ambientalmente benigno.

Nesse contexto, há, no entanto, algumas áreas de pesquisa que representam um desafio científico para os químicos e têm o potencial de trazer benefícios significativos como alternativas de química verde ao estado atual da ciência.

10.1. Reagentes de oxidação e catalisadores

Embora tenha havido avanços notáveis nos últimos anos, a química de oxidação tem tido a bênção mista de ser uma das tecnologias químicas mais essenciais e mais poluentes. Ela é certamente essencial porque as transformações oxidativas têm sido a base de grande parte da funcionalização necessária de blocos de construção químicos fundamentais. Como o setor químico atualmente depende quase exclusivamente de matérias-primas à base de petróleo, que estão, é claro, em seu estado quase totalmente reduzido, é a química de oxidação que permite que essas matérias-primas se tornem os produtos químicos usados pelo consumidor.

Historicamente, muitos dos reagentes e catalisadores de oxidação eram compostos por substâncias tóxicas, como metais pesados (por exemplo, cromo). Como eram necessários volumes extremamente grandes dessas substâncias para converter bilhões de libras de produtos petroquímicos, existia um legado significativo desses metais sendo liberados no meio ambiente e causando efeitos negativos substanciais na saúde humana e no meio ambiente.

Para mudar esse perfil da química de oxidação, muita atenção tem sido dada ao desenvolvimento de técnicas de química verde que sejam benignas para o meio ambiente e que tragam outros benefícios em termos de eficiência, seletividade e, portanto, econômicos. É quase certo que os novos produtos químicos de oxidação precisarão ser catalíticos em vez de estequiométricos e muito robustos, com altas taxas de *turnover*. Se forem usados metais pesados/metais de transição, por certo deverão ser usados alguns dos mais inócuos, por exemplo, o ferro. A base para as oxidações deve frequentemente envolver oxigênio molecular e/ou peróxido.

A chave para a nova química de oxidação verde será, é claro, o uso e a geração de pouca ou nenhuma substância perigosa, com eficiência máxima de incorporação de átomos. Essa é uma área de interesse que deve produzir resultados significativos nos próximos anos e que terá um efeito dramático em todos os tipos de produtos, processos e setores industriais.

10.2. Reagentes biomiméticos e multifuncionais

A natureza nos ensinou algumas de suas lições mais profundas e isso é tão verdadeiro no campo da química quanto em todos os outros aspectos da vida. À medida que os cientistas elucidam os mecanismos que os sistemas biológicos usam para realizar suas funções, é criado um modelo que pode ser usado para criar os reagentes do futuro. Essa abordagem "biomimética" para o desenvolvimento de catalisadores e reagentes abrange alguns recursos comuns e admiráveis encontrados em sistemas biológicos, como as enzimas.[38] Embora os catalisadores e reagentes sintéticos, em sua maioria, tenham se concentrado na realização de uma transformação discreta (por exemplo, redução, oxidação, metilação), os sistemas bioquímicos geralmente realizam várias manipulações com o mesmo reagente. Essas manipulações podem incluir ativação, ajustes conformacionais e uma ou várias transformações e derivações reais.

10.3. Química verde combinatória

A química combinatória é a prática que permite a produção rápida de um grande número de compostos químicos em pequena escala por meio de matrizes de reação. Essa prática foi amplamente adotada, especialmente no setor farmacêutico, e as vantagens para a química verde foram citadas. Se uma empresa farmacêutica identifica um "composto *lead*", ou seja, um composto com uma promessa considerável, historicamente, a empresa prossegue com a produção de um grande número de derivados do composto *lead* para testar sua eficácia e otimizar o potencial. O advento da química combinatória permitiu a produção de um grande número de substâncias e a avaliação de suas propriedades sem que a magnitude dos efeitos do desperdício e do descarte do material associado fosse tão grande quanto no passado.

10.4. Química que previne problemas e resolve os problemas atuais de poluição

Atualmente, está se descobrindo que muitas das tecnologias de química verde que foram descobertas ou buscadas para a prevenção da poluição podem ser usadas simultaneamente para lidar com problemas ambientais que já existem. Um exemplo disso pode ser o uso de dióxido de carbono como matéria-prima alternativa no setor de materiais de construção. Esse trabalho utiliza o CO_2 de uma maneira que aumenta consideravelmente as características de desempenho de materiais como concreto ou outros que podem ser usados em painéis de parede, por meio da incorporação de dióxido de carbono no material. Ao encontrar um uso para o dióxido de carbono que o sequestra em uma matriz, essa tecnologia não apenas evita a poluição, mas também lida com o problema do gás de efeito estufa que já existe, reduzindo a quantidade de CO_2 liberada na atmosfera.

Outro exemplo do uso de uma matéria-prima alternativa que é química verde e corrige um problema ambiental existente é a utilização de biomassa para a fabricação de produtos químicos. O problema da biomassa como resíduo sólido existe há anos. Dependendo do tipo de resíduo, ele pode ser responsável por encher aterros sanitários municipais em um ritmo alarmante. Por meio do uso de tecnologias que consomem biomassa na fabricação de produtos químicos de valor agregado, essa alternativa de química verde para a prevenção da poluição também é uma tecnologia de remediação da poluição.

Outros resíduos, como os aromáticos halogenados, que são subprodutos de muitos processos químicos, sobretudo no setor industrial farmacêutico, estão agora encontrando usos como matérias-primas com o desenvolvimento de novas tecnologias biocatalíticas. Novamente, os resíduos existentes e que estão sendo gerados são caros tanto para o tratamento quanto para o descarte. Com o uso das novas tecnologias de química verde, esses problemas ambientais existentes podem começar a ser tratados.

10.5. Proliferação de reações sem solventes

Uma das "alternativas de solventes" que está sendo desenvolvida na química verde é a dos sistemas de reação sem solventes ou puros. As reações e os processos de fabricação inteiros estão sendo conduzidos em condições sem solventes, como reações em estado fundido, reação de moagem a seco, plasma e reações com suporte sólido puro, como argila e zeólitas. Essas técnicas estão utilizando algumas condições não tradicionais, como transformações por micro-ondas, ultrassom e luz visível. À medida que forem desenvolvidas transformações adicionais e vias sintéticas completas sem solventes, essa área precisará criar metodologias para isolamento, separação e purificação de produtos que também sejam sem solventes para maximizar os benefícios.

10.6. Foco em energia

Os efeitos ambientais do uso de energia são profundos, mas não têm sido tão visíveis e diretos quanto alguns dos riscos apresentados pelos materiais utilizados na fabricação, no uso e no descarte de produtos químicos. As implicações energéticas das transformações químicas precisam ser o foco principal da pesquisa futura em química verde. Os benefícios energéticos dos catalisadores têm sido impressionantes, especialmente na área petroquímica. A necessidade de desenvolver subestruturas e materiais que sejam eficazes, eficientes e econômicos na captura, no armazenamento e no transporte de energia é um grande desafio para a química verde. Os riscos, diretos ou indiretos, para a saúde humana e para o meio ambiente decorrentes da utilização de fontes de energia ineficientes e poluentes são aqueles que podem e devem ser tratados pela química verde no futuro.

10.7. Derivatização não covalente

A fabricação, o processamento e o uso de produtos químicos dependem em grande parte de um sistema de formação e quebra de ligações covalentes. Pode-se dizer que a química orgânica sintética se definiu como a criação e a quebra de ligações carbono-carbono.

Esse paradigma precisa mudar. A química acontece sem a formação de ligações; as propriedades físicas/químicas são modificadas e as medidas de desempenho são aprimoradas. Por meio da utilização da complexificação dinâmica, que permite a formação temporária de estruturas químicas modificadas, as propriedades de uma molécula podem ser alteradas pelo período de tempo necessário para realizar uma função específica sem todo o desperdício que seria gerado se a derivatização completa fosse realizada.[39]

Exercícios

Capítulo 1

1. Identifique uma das principais leis ambientais. Como é que ela aborda os problemas ambientais? Através da gestão de resíduos? Regulamentação das emissões? A lei é um exemplo de "comando e controle"? Por quê?
2. Identifique um incidente ou condição ambiental que tenha mobilizado a opinião pública para criar uma lei.
3. Identifique um exemplo de prevenção da poluição a ser utilizado nas empresas. Quais são suas vantagens ambientais e econômicas?
4. Em que ano foi aprovada a Lei de Prevenção da Poluição [Pollution and Prevention Act] e que hierarquia de abordagens aos problemas ambientais ela estabeleceu?
5. Quais são os fatores tradicionalmente considerados pelos químicos na concepção de uma síntese química?
6. Quais são os perigos provocados pelos CFCs?
7. Os impactos dos CFCs eram conhecidos na época em que foram descobertos?
8. O que é a dioxina e que efeitos tóxicos ela provoca?

Capítulo 2

1. Quais são os fatores básicos envolvidos no cálculo do risco?
2. Como é que a química verde aborda o objetivo da redução dos riscos?
3. Identifique os vários tipos de perigos que uma substância química pode apresentar.
4. Quais são os três componentes do perigo que precisam ser acessados?
5. Quais são as desvantagens de reduzir o risco através da minimização da exposição?
6. Através de pesquisa bibliográfica, identifique bases de dados e referências de dados toxicológicos e de produtos químicos.

Capítulo 3

1. Identifique uma matéria-prima biológica e o produto que é utilizado para sua produção.
2. Dê um exemplo de uma matéria-prima renovável e de uma matéria-prima em vias de esgotamento.
3. A maioria das substâncias químicas é produzida a partir de petróleo ou de matérias-primas renováveis?
4. Identifique um exemplo de como é recolhida uma matéria-prima que está sendo esgotada. Que danos ambientais lhe estão associados?
5. Quais são algumas das vantagens das matérias-primas biológicas e renováveis?
6. Que fatores tornam um reagente químico verde benéfico para o ambiente?
7. Quais são os cinco aspectos de um produto químico que devem fazer parte de uma avaliação da química verde?
8. Quais questões devem ser abordadas na seleção de um solvente?
9. Por que a análise em tempo real, análise durante o processamento é benéfica para a química verde?

Capítulo 4

1. Defina economia de átomos. Forneça um exemplo de uma reação química e calcule sua economia de átomos.
2. Forneça um exemplo de um solvente atualmente utilizado na indústria e identifique as preocupações ambientais existentes, caso existam.
3. Do ponto de vista da química verde, quais seriam as vantagens e desvantagens de utilizar um solvente volátil em relação a um que não o é?
4. Em que a economia de átomos é diferente do rendimento?
5. Quais são as matérias-primas e os reagentes mais econômicos em termos de átomos?
6. Que tipos de substâncias auxiliares são mais frequentemente utilizadas na fabricação de produtos químicos?

Capítulo 5

1. Identifique listas e bases de dados sobre a toxicidade dos produtos químicos. [Dica: comece pelas agências governamentais, como a Agência de Proteção Ambiental, a Biblioteca Nacional de Medicina, os Centros de Controle de Doenças, Administração de Segurança e Saúde Ocupacional, Anvisa etc.]
2. Identifique um exemplo de uma substância tóxica direta e indireta.
3. Quais dos seguintes são diretos e quais são indiretos? Letalidade aguda, florescimento de algas, neurotoxicidade, destruição da camada de ozônio, perturbações endócrinas, aquecimento global.
4. Explique a diferença entre a gravidade de um efeito tóxico e a potência de um produto químico tóxico.
5. Dê um exemplo de um problema ambiental local.
6. Dê um exemplo de um problema ambiental global.

Capítulo 6

1. O que é matéria-prima renovável?
2. Dê um exemplo de matéria-prima renovável.
3. Dê um exemplo de matéria-prima não renovável.
4. Em que a reciclagem é diferente da química verde?
5. Quais são as vantagens e desvantagens da utilização do dióxido de carbono como matéria-prima?

Capítulo 7

1. Identifique e analise a economia atômica de uma reação bem conhecida em química [por exemplo, Friedel-Crafts, Wittig, Aldol].
2. Determine se um resíduo é inerentemente gerado em alguma reação bem conhecida em química [por exemplo, Friedel-Crafts, Wittig, Aldol].
3. Determine se uma substância auxiliar é necessária para alguma reação bem conhecida em química [por exemplo, Friedel-Crafts, Wittig, Aldol].
4. Classifique os seguintes tipos de reação por ordem de maior economia de átomos: Wittig, desidrohalogenação, Diels-Alder.

Capítulo 8

1. Identifique cinco métodos de concepção de um produto químico mais seguro. Qual desses métodos requer a maior quantidade de dados toxicológicos para ser utilizado?
2. Ao acessar os dados do Inventário de Liberação de Substâncias Tóxicas, identifique qual massa de substâncias químicas tóxicas é liberada por ano em sua área, as maiores liberações e a substância química em maior volume.

3. No início do século, os clorofluorcarbonetos (CFCs) eram considerados substitutos mais seguros na refrigeração. Identifique as substâncias que os CFCs substituíram e os perigos que eliminaram.
4. O que é SAR?
5. Defina biodisponibilidade e como pode ser reduzida.
6. Defina e exemplifique um mecanismo de ação.

Capítulo 9

1. Identifique um produto fabricado a partir da química sintética que tenha tido vantagens dramáticas para a qualidade de vida no século XX e consequências ambientais negativas.
2. Identifique os químicos que recentemente ganharam o Prêmio Nobel e foram reconhecidos por seu trabalho numa questão ambiental. Quem eram eles? Qual era o problema ambiental? Qual foi sua contribuição?
3. Encontre outros exemplos de química verde na literatura química.
4. Quais são algumas das alternativas aos solventes tradicionais nas reações químicas?
5. Dê um exemplo de glicose utilizada na síntese de um produto químico de base.
6. Dê um exemplo da utilização de fosgênio numa síntese química. Dê um exemplo de uma alternativa ecológica ao fosgênio.

Referências

1. Breslow, R. (1997). *Chemistry Today and Tomorrow*. American Chemical Society, Washington, DC.
2. Office of Pollution Prevention and Toxics (1996). *1994 Toxics Release Inventory, Public Data Release*, Executive Summary, June, EPA--745-S-96-001. U.S. Environmental Protection Agency, Washington, DC.
3. Carlson, R. (1962). *Silent Spring*. Houghton Mifflin Co., Nova York.
4. Office of Pollution Prevention and Toxics (1996). *1994 Toxics Release Inventory, Public Data Release*, June, EPA-745-R-96- 002, p. 34. U.S. Environmental Protection Agency, Washington, DC.
5. *Pollution Prevention Act of 1990* (1990). 42 U.S.C. § 13101.
6. Anastas, P. T. e Williamson, T. C. (1996). Green Chemistry: An Overview. In *Green Chemistry: Designing Chemistry for the Environment*. American Chemical Society Symposium Series, No. 626 (org. P. T. Anastas e T. C. Williamson), pp. 1-17. American Chemical Society.
7. Anastas, P. T e Farris, C. A. (1994). Benign by Design Chemistry. In *Benign By Design: Alternative Synthetic Design for Pollution Prevention,* American Chemical Society Symposium Series, No. 577 (org. P. T. Anastas e C. A. Farris), pp. 2-22. American Chemical Society.
8. Collins, T. J. (1997). Green Chemistry. In *Macmillan Encyclopedia of Chemistry*. Macmillan Inc., Nova York.
9. Trost, B. M. (1991). *Science*, pp.254, 1471-7.
10. The U.S. Department of Energy Office of Industrial Technologies (1993). *Alternative Feedstocks Program Technical and Economical Assessment.*

Thermal| Chemical and Bioprocessing Components (org. J. J. Bozell e R. Landucci), p. 23.

11. The U.S. Department of Energy Office of Industrial Technologies (1993). *Alternative Feedstocks Program Technical and Economical Assessment. Thermal| Chemical and Bioprocessing Components* (org. J. J. Bozell e R. Landucci), p. 23.
12. Varma, R. S., Chatterjee, A. K. e Varma, M. (1993). *Tetrahedron Lett.*, **34**, pp.46303-6.
13. Gross, R. A., Kim, J. H., Gorkovenko, A., Kaplan, D. L., Allen, A. L e Bal, D. (1994). In *Preprints of Papers Presented at the 208th ACS National Meeting* Division of Environmental Chemistry, American Chemical Society, Washington, DC, **34**(2), pp. 228-9.
14. (a) Draths, K. M. e Frost, J.W. (1990). *J. Am. Chem. Soc.*, **112**, pp. 1657-9. (b) Draths, K. M. e Frost, J. W. (1990). *J. Am. Chem. Soc.*, **112**, pp. 9630-2. (c) Draths, K. M. e Frost, J. W. (1991). *J. Am. Chem. Soc.*, **113**, pp. 9361-3.
15. (a) Chang, V. S., Burr, B. e Holtzapple, M. T. (1997). *Appl. Biochem. Biotechnol.*, **63-5**, p.3-19. (b) Office of Pollution Prevention and Toxics (1996). *The Presidential Green Chemistry Challenge Awards Program. Summary of 1996 Award Entries and Recipients*. July, EPA 744-K-96-001, p. 7. U.S. Environmental Protection Agency, Washington, DC.
16. (a) Stern, M. K., Hileman, F. D. e Bashkin, J. K. (1992). *J. Am. Chem. Soc.*, **114**, pp. 9237-8. (b) Stern, M. K. e Cheng, B. K. (1993). *J. Org. Chem.*, 58, pp. 6883-8. (c) Stern, M. K., Cheng, B. K., Hileman, F. D. e Allman, J. M. (1994). *J. Org. Chem.*, 59, pp. 5627-32.
17. Office of Pollution Prevention and Toxics (1996). *The Presidential Green Chemistry Challenge Awards Program, Summary of 1996 Award Entries and Recipients.* July, EPA 744-K-96-001, p.2. U.S. Environmental Protection Agency, Washington, DC.
18. (a) McGhee, W. D. e Riley, D. P. (1993). *Organometallics I*, pp. 900-7. (b) McGhee, W. D., Riley, D. P., Christ, M. E. e Christ, K.M. (1993). *Organometallics*, **12**, pp. 1429-33, e referências lá citadas. (c) Riley, D. P., Pan, Y. e Riley, D. P. (1994). *J. Chem. Soc. Chem. Commun.*, pp. 699-700. (d) Waldman, T. E. e Riley, D. P. (1994). *J. Chem. Soc. Chem. Commun.*, pp. 957-8.
19. (a) Tundo, P., Trotta, F. e Moraglio, G. (1987). *J. Org. Chem.*, **52**, p. 1300. (b) Tundo, P., Trotta, F., Moraglio, G. e Ligorati, F. (1998). *Ind. Eng. Chem. Res.*, **27**, p. 1565. (c) Tundo, P., Trotta, F. e Moraglio, G. (1989). *J. Chem. Soc., Perkin Trans. I*, p. 1070. (d) Tundo, P. e Selva, M. (1995). *Chemtech*, pp. 31-5.
20. Komiya, K., Kukuoka, S., Aminaka, M., Hasegawa, K., Hachiya, H., Okamoto, H., Watanabe, T., Yoneda, H., Fukawa, I. e Dozone, T. (1996).

New process for producing polycarbonate without phosgene and methylene chloride. In *Green Chemistry: Designing Chemistry for the Environment*, American Chemical Society Symposium Series, no. 626 (org. P.T. Anastas e T.C. Williamson), pp. 1-17. American Chemical Society.

21. Collins, T. J. (1994). *Acc Chem. Res.*, **27**, pp. 279-85.
22. Office of Pollution Prevention and Toxics (1996). *The Presidential Green Chemistry Challenge Awards Program. Summary of 1996 Award Entries and Recipients.* July, EPA 744-K-96-001, pp. 30-1. U.S. Environmental Protection Agency, Washington, DC.
23. (a) Burk, M. J. (1991). *J. Am. Chem. Soc.*, **113**, p. 8518. (b) Burk, M. J., Feaster, J. E., Nugent, W. A. e Harlow, R. L. (1993). *J. Am. Chem. Soc.*, **115**, p. 10125. (c) Burk, K. J., Feng, S., Gross, M. F. e Tumas, W. J. (1995). *J. Am. Chem. Soc.*, **117**, p. 4423. (e) Office of Pollution Prevention and Toxics (1996). *The Presidential Green Chemistry Challenge Awards Program Summary of 1996 Award Entries and Recipients.* July, EPA 74- K-96-001, pp. 38-9. U.S. Environmental Protection Agency, Washington, DC.
24. (a) Combes, J. R., Guan, Z. e DeSimone, J. M. (1994). *Macromolecules*, **27**, pp. 865-7. (b) Guan, Z. e DeSimone, J. M. (1994), *Macromolecules*, 27, p. 5527-32. (c) DeSimone, J. M., Maury, E. E., Menceloglu, Y. Z., McClain, J. B., Romack, T. J. e Combes, J. R. (1994). *Science*, **265**, pp. 356-9. (d) Office of Pollution Prevention and Toxics (1996). *The Presidential Green Chemistry Challenge Awards Program. Summary of 1996 Award Entires and Recipients.* July, EPA 744-K-96-001, p.11. U.S. Environmental Protection Agency, Washington, DC.
25. (a) Tanko, J. M., Mas, R. H. e Suleman, N. K. (1990). *J. Am. Chem Soc.*, **112**, p. 5557. (b) Tanko, J. M., Suleman, N. K., Hulvey, G. A., Park, A. e Powers, J. E. (1993). *J. Am. Chem. Soc.*, **115**, pp. 4520-6. (c) Tanko, J. M. e Suleman, N. K. (1994). *J. Am. Chem. Soc.*, **116**, pp. 5162-6. (d) Tanko, J. M. e Blackert, J. F. (1994). *Science*, **263**, pp. 203-5.
26. Office of Pollution Prevention and Toxics (1996) .*The Presidential Green Chemistry Challenge Awards Program. Summary of 1996 Award Entries and Recipients.* July, EPA 744-K-96-001, p. 3. U.S. Environmental Protection Agency, Washington, DC.
27. (a) Breslow, R., Connors, R. e Zhu, Z. (1996). *Pure Appl. Chem.*, **68**, 1527-33. (b) Breslow, R. e Zhu, Z. (1993). *J. Am. Chem. Soc.*, **117**, pp. 9923-4.
28. (a) Office of Pollution Prevention and Toxics (1996). *The Presidential Green Chemistry Challenge Awards Program. Summary of 1996 Award Entries and Recipients.* July, EPA 744-K-96- 001, p. 8. U.S. Environmental Protection Agency, Washington, DC. (b) Paquette, L. In *Abstracts of Papers Presented at the 209th ACS National Meeting* (1995). Division of Organic Chemistry, American Chemical Society, Washington, DC, #123.

29. (a) Office of Pollution Prevention and Toxics (1996). *The Presidential Green Chemistry Challenge Awards Program. Summary of 1996 Award Entries and Recipients.* July, EPA 744-K- 96-001, pp. 10-1. U.S. Environmental Protection Agency, Washington, DC.
30. (a) Office of Pollution Prevention and Toxics (1996). *The Presidential Green Chemistry Challenge Awards Program. Summary of 1996 Award Entries and Recipients.* July, EPA 744-K- 96-001, p. 8. U.S. Environmental Protection Agency, Washington, DC. (b) Hurter, P. N. e Hatton, T. A. (1992). *Langmuir*, **8**, pp. 1291-9.
31. Epling, G. A. e Wang, Q. (1994). Preparative reactions using visible light: high yields from pseudoelectrical transformation. In *Benign by design: alternative synthetic design for pollution prevention,* American Chemical Society Symposium Series, No. 57 (ed. P. T. Anastas e C. A. Farris), pp. 2-22. American Chemical Society.
32. Kraus, G. A. e Kirihara, M. (1992). *J. Org. Chem.*, **57**, p. 3256.
33. (a) Grogan, J., DeVito, S. C., Pearlman, R. S. e Korzekwa, K. R. (1992). Modeling Cyanide Release From Nitriles: prediction of Cytochrome P450 Mediated Acute Nitrile Toxicity. *Chem. Res. in Tex.*, **5**, pp. 548-52. (b) DeVito, S. C. e Pearlman, R. S. (1992). *Med. Chem Res.*, **1**, pp. 461-5.
34. Office of Pollution Prevention and Toxics (1996). *The Presidential Green Chemistry Challenge Awards Program. Summary of 1996 Award Entries and Recipients.* July, EPA 744-L-96-001, p. 4. U.S. Environmental Protection Agency, Washington, DC.
35. Office of Pollution Prevention and Toxics (1996). *The Presidential Green Chemistry Challenge Awards Program. Summary of 1996 Award Entries and Recipients.* July, EPA 744-L-96-001, p. 30. U.S. Environmental Protection Agency, Washington, DC.
36. Office of Pollution Prevention and Toxics (1996). *The Presidential Green Chemistry Challenge Awards Program. Summary of 1996 Award Entries and Recipients.* July, EPA 744-L-96-001, p. 5. U.S. Environmental Protection Agency, Washington, DC.
37. Guarrera, D. J., Kingsley, E., Taylor, L. D. e Warner, J. C. (1997). *Proceedings of the IS&T's 50th Annual Conference. The Physics and Chemistry of Imaging Systems*, p. 537.
38. Hudlicky, T., Pitzer, K. K., Stabile, M. R. e Thorpe, A. J. (1996). *J. Org. Chem.*, **61**, pp.4151-3.
39. Guarrera, D., Taylor, L. D. e Warner, John C. (1994). *Chemistry of Materials*, **6**, p. 1293.

Índice remissivo*

* Números de página em itálico referem-se às figuras

D

E

O

P

Q

R

S

SOBRE O LIVRO

Formato: 14 x 21 cm
Mancha: 23,7 x 42,5 paicas
Tipologia: Horley Old Style 10,5/14
Papel: Off-white 80g/m² (miolo)
Cartão Triplex 250 g/m² (capa)
1ª edição Editora Unesp: 2025

EQUIPE DE REALIZAÇÃO

Edição de texto
Tulio Kawata (Preparação de original)
Carmen T. S. Costa (Revisão)

Capa
Negrito Editorial

Imagem de capa
Isak55/iStockphoto

Editoração eletrônica
Eduardo Seiji Seki

Assistente de produção
Erick Abreu

Assistência editorial
Alberto Bononi
Gabriel Joppert

Rettec artes gráficas e editora

Rua Xavier Curado, 388 • Ipiranga - SP • 04210 100
Tel.: (11) 2063 7000
rettec@rettec.com.br • www.rettec.com.br